E69 02

Bernd Mühlstraßer, Murnau – Oberammergau und die E 69

Rege Betriebsamkeit: Oberammergau rüstet sich für die Passionsspiele 1960. Die Eisenbahner (in langer Haartracht!) und der herausgeputzte Bahnhof stehen im Mittelpunkt dieser von der Bundesbahndirektion München arrangierten Presseaufnahme.

Bernd Mühlstraßer

Murnau – Oberammergau und die E 69

Bayerische Eisenbahn-Geschichte

GeraMond

Titelbild: Wintertraum bei Altenau. Die 169 003 am 9. Dezember 1980 mit dem Mittagszug nach Oberammergau. Foto: Dieter Kempf

Abbildung Vorsatz: Anfang der Fünfziger herrscht noch Lokalbahn-Atmosphäre pur. Die E 69 02 hat gerade mit dem P 2578 und einer langen Garnitur Plattformwagen Murnau verlassen. Noch stehen die alten Holzmasten mit den hübschen Auslegern. Foto: Sammlung Dr. Günther Scheingraber

Abbildung Nachsatz: Am 7. Oktober 1973 trifft die 169 004 in Oberammergau auf den 485 030. Der Triebzug, der eigentlich einmal angetreten war, die E 69 zu ersetzen, kommt im Rahmen einer Abschiedsfahrt noch einmal ins Ammertal. Foto: Karl-Friedrich Seitz

CIP-Einheitsaufnahme
Murnau – Oberammergau und die E 69:
Bayerische Eisenbahn-Geschichte/
Bernd Mühlstraßer. – 1. Auflage
München: GeraMond Verlag, 1998
ISBN 3-932785-41-X
NE: Mühlstraßer, Bernd

ISBN 3-932785-41-X

1. Auflage 1998

Lektorat: Manfred Grauer, Dieter Eikhoff
Layout: Wolfgang Bergfeld
Druck: Graphische Betriebe Eberl GmbH, Immenstadt
Printed in Germany

Vorwort

Höher, weiter, schneller – mit diesen Attributen werden gewöhnlich technische Glanzleistungen bewertet. Und obwohl gerade diese Faktoren für die Oberammergauer Bahn so gar nicht zutreffen wollen, stellt sie in der Technikgeschichte ein ganz bemerkenswertes Kapitel dar. Denn die Meisterleistung der Konstrukteure, von denen wir hier sprechen wollen, lagen nicht in einem kurzfristigen Glanzpunkt, wie etwa bei einem Geschwindigkeitsrekord. Der Erfolg lag in der Konstanz, die den technischen Innovationen zu eigen war: Man betrat mit dem Stromsystem der Bahn Neuland, und man stellt mit den ersten Elektro-Loks praktisch den damaligen Kenntnisstand auf den Kopf: Der Erfolg war eindeutig – noch heute fährt fast ganz Europas Eisenbahn mit dem damals neuartigen Einphasen-Wechselstrom, und die Lokomotiven der Gründerzeit waren auch in den 80er Jahren noch auf dem Weg ins Ammertal. Die Antriebsart wurde in den dreißiger Jahren zur Grundlage der elektrischen Einheitstriebfahrzeuge der Reichsbahn.
Oft enden die Pionierleistungen der Technikgeschichte schnell auf dem Schrott. Allenfalls können sie für sich in Anspruch nehmen, den Anstoß für die erfolgreiche Weiterentwicklung neuer Systeme gegeben zu haben. Dies trifft auch für die technischen Einrichtungen der Oberammergauer Bahn zu. Doch darüber hinaus konnten sie über Jahrzehnte hinweg allen Anforderungen selbst gerecht werden. In dieser technischen Meisterleistung liegt die wahre Bedeutung der Oberammergauer Loks und dem dort verwandten Stromsystem.
Diese ins rechte Licht zu rücken und darüber hinaus die insgesamt sehr interessante Geschichte der Bahnstrecke Murnau – Oberammergau in einer bislang nicht publizierten Faktenfülle darzustellen, ist Aufgabe und Zweck dieses Buches. Selbst für den Spezialisten wird sich hier noch reichhaltig neues Material finden.
Ohne die große Unterstützung vieler Helfer wäre dieses Buch nicht in dieser Genauigkeit zu erstellen gewesen. Besonderen Dank möchte ich Herrn Alois Führmann aussprechen, der alle Details von seiner Lehrzeit im Bw Murnau kurz nach dem Krieg bis hin zur Laufplanerstellung in den 80er Jahren in Garmisch absolut lebendig vermitteln konnte. Auch seine Bundesbahn-Kollegen Timo Kölbl und Sigi Eckstein konnten mir wertvolle Informationen verschaffen und Hinweise geben.
Die überaus reichhaltige Ausstattung des Buches mit bislang unveröffentlichten Foto-Dokumenten verdanke ich in hohem Maße den Herren Stefan Beständig, Manfred Hofer, Jürgen Hagemann, Karl Unhoch, Dr. Günther Scheingraber, Joachim Claus sowie zahlreichen weiteren Sammlern und vielen Fotografen.
Besondere Unterstützung, von den ersten Vorplanungen bis hin zur Endkorrektur, beim Vermitteln vieler Kontakte und als ständig ansprechbare „Rückfall-Ebene" für alle Probleme, erfuhr ich von Dr. Brian Rampp, dem mein besonderer Dank gilt.
Den liebenswerten Lokzwergen der Reihe E 69 ein Denkmal zu setzen, war der Beweggrund für dieses Werk. In der Hoffnung, daß dieses Buch eines Tages ein Begleiter des wieder lebendigen Technikdenkmal E 69 sein wird, darf ich Sie, sehr geehrte Leserin, sehr geehrter Leser, nun in die spannende Geschichte der Ammergauer Eisenbahn entführen.

Altenau, im Herbst 1998

Bernd Mühlstraßer

Inhalt

1. Die Geschichte der Eisenbahn Murnau – Oberammergau

Steiniger Weg in die Bahn-Ära

Obgleich das obere Ammertal zwei überdurchschnittlich frequentierte Reiseziele aufwies, war das oberbayerische Gebirgstal in den ersten Jahrzehnten der Eisenbahn- Euphorie noch leer ausgegangen. Dies, obwohl das „Stahlbad" Kohlgrub schon damals zu den bekanntesten Kurorten in Deutschland zählte und das kleine Gebirgsdorf Oberammergau mit seinen weltbekannten Passionsspielen alle zehn Jahre bereits für damalige Verhältnisse Menschenmassen anzog. Gerade der Weg nach Oberammergau war strapaziös, vor allem vom Loisachtal aus mußte ein beschwerlicher Paß, der Ettaler Berg bezwungen werden. Auch die Ammerschlucht bei Echelsbach auf der klassischen Route von Augsburg stellte für Reisende eine große Hürde dar.

Mit Eröffnung der Bahnstrecke München – Murnau im Mai 1879 war der eiserne Strang nahe ans Ammertal gekommen, dennoch dauerte es 13 weitere Jahre, bis konkret über eine Zugverbindung in diese Region nachgedacht wurde. Und dabei war zunächst der Passionsort Oberammergau offensichtlich wenig „zugkräftig", obwohl zur Passion 1890 bereits mehr als 150.000 Besucher anreisten; vielmehr kamen die treibenden Kräfte für den Bahnbau vorwiegend aus Kohlgrub. Unter der Führung des „Realitätenbesitzers" Heinrich Baumgartner hatten sich insgesamt sieben Herren zu einer Interessengemeinschaft zusammengeschlossen. Sie beabsichtigten dabei den Bau einer Eisenbahnstrecke von

Emsiges Treiben beim Bahnbau im Abschnitt des Bad Kohlgruber Dammes. Eine ausgeliehene Dampflok der Bayerischen Staatsbahn hilft mit.

Murnau über Bad Kohlgrub bis ins unbedeutende Altenau. Hierzu wurde eine Projektierungskonzession vom Bayerischen Staat beantragt, die schließlich Ende 1892 erteilt wurde. Mit dem Endpunkt Altenau hatte es offensichtlich zwei Gründe. Zum einen plante man eine Fortsetzung der Bahn bis nach Lechbruck, also über die Ammerschlucht in Richtung Pfaffenwinkel, zum anderen wollte man wohl der zurückhaltend agierenden Gemeinde Oberammergau ein wenig auf die Beine helfen, indem man den lukrativen Bahnanschluß nur knapp acht Kilometer vor der „Haustüre" des Passionsdorfes enden lassen wollte.

In der Projektierungskonzession wurde dem Konsortium gleich nachdrücklich mitgeteilt, daß mit einem Bauzuschuß des Bayerischen Staates nicht zu rechnen sei, mit einer Ausführung staatlicherseits schon gleich gar nicht. So befolgten die Kohlgruber Geschäftsleute die Empfehlung der Behörden, die weiteren Projektarbeiten der Localbahn Aktiengesellschaft (LAG) in München zu übertragen, die sich beim Bau und Betrieb kleinerer Bahnstrecken bereits einen guten Namen erworben hatte. Auch die von Murnau aus nach Garmisch-Partenkirchen weiterführende Bahnstrecke war im Jahre 1889 durch die LAG gebaut und betrieben worden. Tatsächlich wurde die LAG nun mit der konkreten Planung und Berechnung einer Bahn ins Ammertal betraut – mit dem für die Initiatoren niederschmetternden Ergebnis, daß eine Bahnstrecke Murnau – Kohlgrub – Altenau selbst für diese kleine Bahngesellschaft nicht von Interesse sei. Die Verwirklichung sollte vielleicht doch durch private Bemühungen versucht werden…

So verfaßte Heinrich Baumgartner im Jahre 1895 eine Denkschrift, unterlegt mit Zahlenmaterial

Der eiserne Strang hat den Endbahnhof Oberammergau erreicht. Während die Gleise noch provisorisch verlegt sind, stehen Lokschuppen und Empfangsgebäude bereits. Links ist die Zuschauerhalle des Passionsspielhauses zu sehen.

Bleistiftzeichung vom neuen Oberammergauer Bahnhof: Einen Tag vor der offiziellen Eröffnung der Bahnlinie zieht es bereits die interessierte Bevölkerung in den geschmückten Gleisbereich.

über die zu erwartenden Beförderungsleistungen, um für das Bahnprojekt zu werben. Nun schien sich doch noch Erfolg einzustellen, denn schon bald zeigte die „Actiengesellschaft Elektricitätswerke, vormals O. L. Kummer & Co Dresden, Sitz München" Interesse am Bahnbau. Dieser „Newcomer" unter den Bahngesellschaften hatte nur kurze Zeit zuvor die Konzession zum Bau und Betrieb einer elektrischen Bahnstrecke von Bad Aibling nach Feilnbach eingereicht, die schließlich 1897 in Betrieb ging. Offensichtlich kam von dieser Seite aus nun endlich der logische Folgeschritt, die Bahn bis Oberammergau zu projektieren. Zumindest wurde die Projektierungskonzession um diesen Abschnitt erweitert und in Oberammergau für kostenlose Grundüberlassung geworben. In allen an der geplanten Linie gelegenen Orten hatten sich mittlerweile Konsortien gegründet, die vor Ort der Bahn den Weg ebnen wollten. So waren in beispielsweise in Oberammergau sieben Vertrauensmänner (Bürgermeister Johann Lang, Josef Mayr, Schnitzer Johann Lang, Ökonom Georg Krach, Josef Korntheuer, Schnitzer Corbinian Rutz und Gastwirt Gregor Breitsamter) bemüht, den Bahnbau voranzutreiben. Unterammergau wurde durch Leonhard Hutter, Anton Burkhardt, Jacob Daser, Mattäus Daisenberger und Dr. Müller, Altenau durch Josef Niklas, Alois Müller und Leonhard Gluth vertreten. Sogar das nicht an der Bahnstrecke gelegene Bayersoien schickte mit Martin Greinwald und Georg Utzschneider zwei Mann ins Rennen. An stärksten war die Fraktion naturgemäß in Kohlgrub, wo die Ortshonoratioren Benedikt, Lehmann, Lindauer, Amboß, Krauss, Maier, Noll, Faller und Lang für die Bahn kämpften. Die Aufstellung der Namen ist insoweit von Interesse, als auch heute noch die Ge-

Heinrich Baumgartner (1840 – 1927)

Geboren als Sohn eines Arztes in Niederbayern. Kunsthändler in München. In den 80er Jahren baute er in Bad Kohlgrub das bekannte Lindenschlößchen. Zunehmend engagiert Baumgartner sich in seiner Wahlheimat Kohlgrub, gründet 1883 den Verschönerungsverein. Kurz darauf beginnt eine unermüdliche Arbeit zur Verwirklichung seiner Bahnidee ins Ammertal. Ohne seine Überzeugungsarbeit wäre der Bau sicherlich über Jahre hinweg nicht zustande gekommen.

Viele Jahre später, mit über 80 Jahren, initiiert Baumgartner auch noch den Steinkohleabbau im Bereich Kohlgrub/Aschau, ein allerdings nur kurzfristiges Intermezzo. Am 11. Januar 1927 verstarb er mit 87 Jahren in einem Oberammergauer Altenwohnsitz. Unter den vom ihm gepflanzten Bäumen des Kohlgruber St.-Rochus-Friedshofes wurde er begraben.

Der Festrummel ist vorbei – der Eröffnungszug macht sich wieder auf den Weg nach Murnau. Die LMKO-Dampflok bei der Ausfahrt aus Oberammergau. 5. April 1900.

schicke der Gemeinden häufig von Nachfahren dieser Familien-Dynastien geleitet werden!
1886 nahm die Bahnstrecke ins Ammertal dann endlich die wichtigsten Hürden: Im März reichte Generalvertreter Erwin Bubeck der Actiengesellschaft Elektrizitätswerke die Konzession zum Bau und Betrieb einer Eisenbahn Murnau – Oberammergau ein, die schließlich Anfang 1897 erteilt wurde. Wie beim Namen des Betreibers zu erwarten, sollte die Strecke als elektrische Eisenbahn betrieben werden.
Bereits kurz nach Konzessionserteilung begann die Firma Philipp Holzmann mit dem Bahnbau. Als Betreiber fungierte die Tochtergesellschaft der AG Elektrizitätswerke, die Aktiengesellschaft Süddeutsche Elektrische Lokalbahnen, Sitz München. Außer der Bahnlinie Murnau – Oberammergau betrieb diese auch die Aiblinger Bahn. Im Oberland hatte die Gesellschaft mit den Linien Murnau – Habach – Bichl, Kohlgrub – Lechbruck, Garmisch – Mittenwald und Garmisch – Eibsee noch zahlreiche ehrgeizige Objekte in der Schublade, von denen jedoch unter ihrer Regie keine weiteren mehr ausgeführt wurden.
Erste Planungen sahen als Ausgangspunkt der Bahnstrecke einen Bahnhof nahe am Ortszentrum Murnau vor, etwa dort, wo heute in Murnau das Kurgästehaus steht. Doch schon bald fiel die Entscheidung für eine sinnvolle Verknüpfung mit den bestehenden Eisenbahnen Murnau – Garmisch und München – Murnau, so daß der Bahnhof gleich neben dem bestehenden Gleisfeld angelegt wurde. Dadurch entstand hier ein Bahnhofsgelände mit drei verschiedenen Bahnverwaltungen. Ganz westlich lagen die Gleisanlagen der Staatsbahn, östlich davon die neue Bahn nach Oberammergau, und in der Mitte befanden sich die Betriebsanlagen der LAG für ihre Lokalbahn nach Garmisch.
Über die Gleise dieser LAG-Strecke wurde im Bereich des Murnauer Bahnhofes auch der Anschluß an die Ammergauer Bahn geschaffen. Außerdem überquerte die Lokalbahn Murnau – Kohlgrub – Oberammergau, kurz als LMKO bezeichnet, nach gut 500 Metern die Bahnstrecke nach Garmisch. Als Gegenleistung für diese Brückenüberführung ließ sich die LAG von der Ammergauer Bahn die Straßenabschrankung ihres Gleises errichten.
Die Arbeiten an der Strecke gingen zunächst trotz schwieriger Terrain-Verhältnisse überraschend zügig voran; hatte die bauausführende Firma Holzmann doch auch reichlich Erfahrung und technisches Gerät mitgebracht. Doch schon bald gerieten die Arbeiten in Verzug, und die bereits für 1898 geplante Betriebsaufnahme war bald illusorisch. Zumindest bis Kohlgrub schritten die Arbeiten soweit voran, daß Ende 1898 eine erste Probefahrt in den Kurort stattfinden konnte. Doch im weiteren Abschnitt sollte die Premierenfahrt noch weitere 14 Monate auf sich warten lassen. Erst kurz nach dem Jahreswechsel 1900 erreichte der erste Probezug Oberammergau.
Eigentlich sollte die Bahn ja elektrisch betrieben werden. An den Anlagen wurde auch gearbeitet, doch stellte sich bei der Ausführung der geplanten, aufwendigen Drehstromtechnik schnell heraus, daß eine Betriebstauglichkeit dieses Stromsystems noch nicht erreicht war. Zwar war das Kraftwerk Kammerl in der Ammerschlucht bei Saulgrub bereits 1899 fertiggestellt, doch mußten die Pläne, die Stromzufuhr durch eine zwischen

den Gleisen liegende Stromschiene zu erreichen, schnell fallengelassen werden. Die Konstrukteure entschieden sich daher zum Bau einer aufwendigen Oberleitung. Diese bereitete vor allem im Bahnhofsbereich größte Probleme, so daß die Arbeiten an der elektrischen Ausrüstung mehr und mehr ins Hintertreffen gelangten. So wundert es auch nicht, daß die endlich für Anfang 1900 ins Auge gefaßte Betriebseröffnung mit Dampfbetrieb erfolgen sollte. Für die Betreibergesellschaft, die seit 3. Februar 1899 nun als Aktiengesellschaft Süddeutsche elektrische Lokalbahnen mit Sitz in München fungierte, war dies ein gehöriger Image-Verlust. In die Bredouille kam man außerdem durch den frühen Tod des Cheftechnikers Döllgast, der die erfolgreiche Ausführung des Kammerls und auch eines E-Werks an der Partnach in Garmisch gewährleistet hatte. Nach dessen Tod im Jahre 1900 schienen viele Probleme der elektrischen Ausrüstung schwerer oder gar nicht mehr lösbar, was sich schnell in den Aktionärskreisen der Süddeutschen Elektrischen Lokalbahnen herumsprach. Darüber hinaus verschlangen die sich fast drei Jahre hinziehenden Bauarbeiten und die Experimentiererei am elektrischen System deutlich höhere Summen als kalkuliert. So sollen sich die Baukosten schließlich auf knapp vier Millionen, statt der kalkulierten zwei Millionen Mark belaufen haben.

Davon war jedoch nicht die Rede, als endlich zum 5. April 1900 die Eröffnungsfeierlichkeiten für die Bahnstrecke angekündigt waren. Unter großer Anteilnahme der örtlichen Bevölkerung nahm die Bahn nun ihren Betrieb auf. Doch kaum war der Festrummel verstummt, kam es zu ersten Zwischenfällen auf der Bahnlinie. In den ersten vier Betriebswochen entgleisten bereits vier Züge. Nochmals erschien eine Kommission der Königlich Bayerischen Eisenbahn, die die Strecke bereits abgenommen hatte, im Ammertal. Nachdem zuvor jedoch bereits umfangreiche Nachbesserungen seitens der LMKO vorgenommen wurden, konnte erneut nur die Betriebstauglichkeit der Strecke konstatiert werden. Am Sicherheitsstandard der Linie ins Ammertal gab es keine grundlegenden Bedenken.

Erste Fahrtensaison beginnt mit einer Mammut-Aufgabe

Ende Mai 1900, nicht ganz zwei Monate nach Betriebsbeginn der Bahn, begannen nun die ersten Passionsspiele in Oberammergau, zu denen direkt mit der Bahn angereist werden konnte. Hierzu wurde der Fahrplan um neun durchlaufende Zugpaare von München nach Oberammergau, und eines in direkter Verbindung mit Garmisch-Partenkirchen ergänzt. Die Rückfahrkarte München – Oberammergau in der 2. Klasse kostete übrigens damals 15,30 Reichsmark.

Zugzahl und -länge forderten Bahnstrecke, Lokomotiven und Personal in den kommenden Monaten aufs Ärgste, und es konnte nicht ausbleiben, daß zahlreiche Pannen und Probleme auftauchten. So klappten die Fahrkartenverkäu-

Einer der für die LMKO vorgesehenen Elektro-Triebwagen.

fe über das Hoheitsgebiet der LMKO hinaus selten, und die Pünktlichkeit der zu Spielbeginn erwarteten Züge war häufig nicht gewährleistet. Umgekehrt beschwerte sich die LMKO aber beispielsweise bereits am 21. Mai 1900 bei der Gemeinde Oberammergau, als sich das Ende der Passionsspiele bis 17.40 Uhr verzögerte, gut eine Dreiviertelstunde über das reguläre Ende hinaus. Zug Nummer 8 um 17.28 Uhr sei dadurch „überflüssig" geworden und ausgefallen. Die Gemeinde sollte zukünftig doch für pünktliche Spielzeiten sorgen. Pünktlicher wurde zumindest die LMKO, als nämlich rasch klar wurde, daß nur durch professionelle Hilfe Ordnung in den Bahnverkehr zu bringen war. Mit Verstärkung durch die Bayerische Staatsbahn, die den Personalstand auf 250 Beschäftigte hochschraubte, konnte der Verkehr bis zum Ende der Spielsaison Anfang Oktober 1900 dann doch recht zufriedenstellend abgewickelt werden. In diesem Zeitraum beförderte die Bahn knapp 300.000 Fahrgäste, davon reisten 119.751 in den durchgehenden Spielzügen. Wie hoch die Schwankungen in den Beförderungsleistungen waren, zeigt nachfolgende Aufstellung aus dem ersten Betriebsjahr:

Monat	Personen Lokal	Personen Spielzüge	Gütertonnen
April 1900	8957	0	2827
Mai 1900	14965	6667	4238
Juni 1900	28937	23796	2790
Juli 1900	40847	26746	1959
August 1900	43070	28903	2205
September 1900	40596	29418	1994
Oktober 1900	10712	4221	2006
November 1900	6817	0	1737
Dezember 1900	7482	0	1464
Summen	***202383***	***119751***	***21220***
	322134		

Durch den gewaltigen Passionsverkehr konnte die Bahn Gesamteinnahmen von 593.968,09 Reichsmark verzeichen, von denen nach Abzug der Betriebskosten von 270.000 Mark immerhin ein Reingewinn von rund 320.000 Mark verblieb. Also doch ein recht erfolgreicher Start in die Bahngeschichte. Mit Elan schien es nun ins zweite Jahr zu gehen, in dem erneut die Aufnahme des elektrischen Betriebes angekündigt wurde. Bislang kamen elf von Krauss & Co. in München 1899 und 1900 gebaute C1'n2t-Dampftenderloks der Gattung D XI, bezeichnet als LMKO 1 bis 11, gelangten zum Einsatz. Die Maschinen hatten eine Leistung von 300 PS. Alle Dampfloks kamen später noch zu Bayerischen Staatsbahn und dann zur Deutschen Reichsbahn (98 482 bis 488, 561 bis 563), die letzte wurde erst am 14. November 1951 beim Bw Kempten abgestellt.

Für den geplanten elektrischen Betrieb waren 22,5 m lange Triebwagen mit zwei zweiachsigen Drehgestellen bei der Waggonfabrik Weimar bestellt worden. Die Fahrzeuge, angelehnt an die Kastenform der damaligen Schnellzugwagen, schienen für den Betrieb auf der kurvenreichen Strecke aus heutiger Sicht völlig überdimensioniert. Wegen der nur auf 13 Tonnen begrenzten Achslast hätten die Fahrzeuge in dieser Ausführung nicht einmal die Zulassung für ihre geplante Linie nach Oberammergau erhalten. Ob eines der Fahrzeuge jemals auf der Bahn zumindest zur Probe fuhr, ist nicht ganz klar. Es existert ein Foto, das einen Triebwagen mit LMKO-Beschriftung zeigt, auch ist eine zweipolige Oberleitung erkennbar. Einiges deutet darauf hin, daß die Wagen keinesfalls für die LMKO zum Einsatz kamen, eventuell aber während der Konkursverwaltung von der Bayerischen Staatsbahn zu Probezwecken kurzfristig auf die Oberammergauer Bahn gebracht wurden, um Erkenntnisse zum elektrischen Betrieb zu sammeln.

Bereits Anfang des Jahres 1901 kam es an der Dresdner Börse zu ersten Kursstürzen bei den Aktien der Kummerschen Elektrizitätswerke, die schließlich von 140 auf 16 Reichsmark fielen. Der Triebwagen-Hersteller lieferte daher seine Fahrzeuge nicht mehr an die LMKO aus. 1903 tauchen zwei der Fahrzeuge dann auf der Wechselstrom-Versuchsstrecke Niederschöneweide – Spindlersfeld (4,1 km) auf. Am 14. August 1903 wurde dort die erste Einphasen-Wechselstrombahn der Welt im Versuchs- und Plan-Probebetrieb durch die Preußische Eisenbahnverwaltung und die Union-Elektrizitäts-Gesellschaft (spätere AEG) eröffnet, und zwei umgerüstete, nun mit dreiachsigen Drehgestellen ausgestattete Murnau-Oberammergauer-Triebwagen kamen zu einem recht erfolgreichen Einsatz. Daß sie dadurch wertvolle Anschubhilfe für die elektrische Zukunft ihrer ehemals geplanten Einsatzstrecke in Oberbayern leisten würden, konnte damals noch niemand ahnen.

Schnelles Ende im Jahr 1

Im Laufe des Jahres 1901 ließ sich auch an der Ammergauer Strecke nicht mehr verbergen – die Aktiengesellschaft Süddeutsche Elektrische Lokalbahnen und ihr Mutterkonzern Kummer glitten in den Bankrott. Die Arbeiten an der elektrischen Ausrüstung wurden eingestellt, und im Sommer 1901 der Fahrplan gekürzt. Dennoch entwickelte sich das Verkehrsaufkommen durchaus günstig, so standen den nur knapp 6.000 Reisenden im Januar und Februar 1901 bereits 13.963 in den Sommermonaten gegenüber, auch der Güterverkehr steigerte sich um gut acht Prozent. Dennoch endete das Wirken der LMKO am 1. Oktober 1901 endgültig – kommissarisch übernahm die Bayerische Staatsbahn Betrieb und Personal. Offensichtlich nahm sie sogleich einschneidende Kürzungen im Fahrplan vor – fielen doch nun die Beförderungszahlen um mehr als die Hälfte, von 9.142 Personen im September auf nur noch 4.053 im Oktober. So stand am Ende des Jahres auch ein Verlust von 63.891 Reichsmark in den Büchern.

Auf Sparflamme lief der Betrieb im Jahr 1902. Die Staatsbahn führte den Verkehr weiterhin zu Lasten der ehemaligen Betreiber durch. Für die vom Konkurs betroffenen Bahnstrecken Murnau – Oberammergau und Aibling – Feilnbach wurde nun ein Käufer gesucht. Großes Interesse zeigte der Elektro-Konzern BBC. In einem Papier an die Anliegergemeinden forderte BBC jedoch für die erwarteten jährlichen Aufwendungen von 16.800 Mark bis zur Passion 1910 einen jährlichen Zuschuß der Kommunen von 15.000 Mark. Wie zugespitzt die Lage bereits war, wird durch eine Passage dieses Briefwechsels deutlich: „ Im Falle einer Ablehnung der Subventionen kann es nicht verhütet werden, daß die Liquiditoren die Aufstellungen des Abbruchwertes der Bahn beschleunigen!"

Die Localbahn Actiengesellschaft München (LAG)

entstand 1887 in München durch die Lokomotivfabrik Krauss und den Bahnbauunternehmer Lechner & Krüzner. Schnell machte sich die Gesellschaft einen guten Namen als fortschrittliche und solide Betreibergesellschaft von insgesamt 29 Bahnen, vorwiegend in Bayern, aber auch in Sachsen, Österreich und Ungarn. 1895 wurde zwischen Meckenbeuren und Tettnang Europas erste elektrische Vollbahn eröffnet. Ebenfalls elektrisch betrieben wurde ab 1899 die größte Linie der LAG, die Isarthalbahn. Weitere bekannte Bahnstrecken waren Sonthofen – Oberstdorf, Fürth – Cadolzburg, Murnau – Garmisch und Türkheim – Wörishofen.
Das solide und aufstrebende Unternehmen geriet in den 20er Jahren durch den kriegsbedingten Verlust der Ungarischen Linien erstmals in Schwierigkeiten, die in den Folgejahren durch Antisemitische Hetze der Nazis zunahmen und in der Verstaatlichung der LAG 1938 gipfelten. Eigentlicher Hintergrund dieser „feindlichen Übernahme" waren wohl die kriegswichtigen Waffentransporte aus Geretsried und Pullach, die nicht länger über eine nichtstaatliche Isarthalbahn geführt werden sollten. So endete am 1. August 1938 die Geschichte einer der größten und erfolgreichsten deutschen Privatbahnbetreiber.

Es kam in der Folgezeit weder zur Betriebsübernahme durch die BBC, noch zum Abbruch der Bahn. Vielmehr unterzeichnete am 19. November 1903 die Lokalbahn AG, München, den Kaufvertrag für die beiden Konkurs-Bahnen zum Schleuderpreis von nur 740.000 Mark, wobei die Ammergauer Bahn mit 576.000 Mark zu Buche schlug. Mit der Betriebsübernahme durch die LAG hielt endlich gut organisiertes, fortschrittliches und straffes Bahnmanagement Einzug auf der Oberammergauer Bahn.

Ein neuer Betreiber führt die Bahn zum Erfolg

Offiziell übernahm die renommierte Privatbahngesellschaft zum 1. Januar 1904 das Regiment auf der Bahnlinie. Neben den Betriebsanlagen behielt die LAG lediglich die Dampfloks LMKO 1 bis 3, die dort als LAG 62 bis 64 eingereiht wurden. Bereits 1908 gelangten auch diese Maschinen, wie gleich bei Betriebsübernahme alle acht weiteren LMKO-Loks, an die K.Bay.Sts.B. und wurden später von der Deutschen Reichsbahn als 98 561 bis 563 eingereiht.

So ganz nach dem Zuschnitt der LAG war die Strecke ins Ammertal jedoch nicht. Im Vergleich zu anderen LAG-Linien war sie zu groß dimensioniert worden. Jedenfalls versäumte die LAG auch Jahre nach dem Erwerb kaum eine Gelegenheit, darauf hinzuweisen, daß die Bahn so gar nicht nach ihrem Geschmack sei. So kritisierte sie die viel zu hohen Anlagekosten mit den zwangsläufig negativen Geschäftsergebnissen, ebenso die ungünstigen Steigungsverhältnisse mit dem dadurch bedingten großen Kohlenverbrauch bei Dampfzug-Betrieb. Warum die LAG dennoch den Betrieb übernommen hat, rechtfertigte sie mit dem extrem niedrigen Kaufpreis in Verbindung mit dem positiven Umstand, daß das Kraftwerk Kammerl fertiggestellt war und bereits die örtlichen Stromnetze in Murnau und Kohlgrub speiste. Dennoch kam die LAG zu dem vernichtenden Ergebnis, „daß bei dem ursprünglichen Bau der Bahn die Ausrüstung derselben für den elektrischen Betrieb mit der teuren Wasserkraftanlage – angesichts des vorliegenden geringen Verkehrsumfanges – keine Berechtigung hatte…“.

Es spricht jedoch für den unternehmerischen Geist der LAG, unter diesen Umständen das Beste aus der übernommenen Situation zu machen, und die Idee des elektrischen Betriebs nicht nur weiter zu verfolgen, sondern sogar grundlegend neu zu erarbeiten. Hierzu wurde die Firma Siemens intensiv mit in die Beratungen einbezogen. Erstes Ergebnis war die endgültige Abkehr vom Drehstrom-System, da hier vor allem Probleme mit der Geschwindigkeitsregelung bei den starken Neigungswechseln erwartet wurden. Ausschlaggebend für den Verzicht auf das bereits teilweise installierte Stromsystem waren aber die nötigen komplizierten Fahrleitungsanlagen mit den sehr hohen Folgekosten.

Eigentlich war nun der Weg frei für einen Gleichstrombetrieb. Hier hatte die LAG doch schon sehr positive Erfahrungen sammeln können, allen voran mit der Münchner Isarthalbahn, auf der seit 1899 ein sehr dichter Vorortverkehr mit elektrischen Triebwagen abgewickelt wurde. Einfachheit und kostengünstiger Fahrzeugunterhalt waren weitere Pluspunkte für das System, das Anfang des 20. Jahrhunderts im Eisenbahnbetrieb nahezu obligatorisch war. Negativ erwies sich jedoch der Umstand, daß bei diesem Stromsystem relativ hohe Leitungsverluste auftraten und somit bei den Gegebenheiten der Oberammergauer Bahn zusätzliche Einspeisungen und zwei zusätzliche, bediente Unterwerke nötig

Das Kraftwerk Kammerl in der Scheibum. Vorne links das Maschinenhaus mit den Turbinen, oberhalb ein Wohnhaus für die Maschinisten. Zustand 1905.

Den Maschinenraum beherrschen die beiden Turbinen mit ihren großen Schwungrädern und den Generatoren, ebenfalls gut zu sehen ist die Schalttafel (von links nach rechts). Bauzustand 1905.

wären, die dann letztlich mit Betriebskosten von jährlich mehr als 6.000 Reichsmark langfristig keinen kostendeckenden elektrischen Betrieb zugelassen hätten.

So zog die LAG die noch weitgehend unerprobte Wechselstrom-Lösung ins Kalkül. Erst Anfang des Jahrhunderts war es gelungen, einen leistungsfähigen Einphasen-Wechselstrom-Motor zu konstruieren. Ausschlaggebend waren die geringen Leitungs- und Umformverluste, die Leistungsfähigkeit von Wechselstrom-Motoren gerade bei ständig wechselnden Geländeverhältnissen, und die einfache Fahrleitungsanlage. Negativ zu Buche schlug lediglich die aufwendigere und vor allem schwerere Ausrüstung der Triebfahrzeuge.

Als Ergebnis der Untersuchungen wurde der Vergleich der Wirkungsgrade und Anlagekosten vorgelegt, nach denen Wechselstrom den erzeugten Strom zu 71, Gleichstrom nur zu 62 und der ursprüngliche Drehstrom zu 66 Prozent ausnützen kann. Die Anlagekosten für Leitungs- und Fahrzeugeinrichtungen erhöhen sich bei Drehstrom um 16, bei Gleichstrom um 25 Prozent gegenüber dem Wechselstrom-System. Somit mußte die Entscheidung fast zwangsläufig auf Einphasen-Wechselstrom fallen, weil hierin das leistungsfähigste und gleichzeitig langfristig günstigste System gefunden wurde.

An dieser Stelle ist es notwendig, ausführlicher auf das Kraftwerk „Kammerl" einzugehen – schließlich ist es dessen Fertigstellung und störungsfreiem Betrieb seit 1899 zu verdanken, daß sich die LAG trotz anfänglicher Widerstände für den elektrischen Zugverkehr entschied.

Die Energiezentrale der Bahn – das Kraftwerk Kammerl

Das Kraftwerk befindet sich in der wildromantischen, heute unter strengem Naturschutz stehenden Ammerschlucht, gut drei Kilometer westlich von Saulgrub entfernt. Etwa ein Kilometer flußabwärts von Altenau befindet sich ein Wehr, an dem der 1,4 Kilometer lange Werkskanal von der Ammer abzweigt. Bereits kurz nach dieser Anlage führt der Kanal durch einen 400 Meter langen Tunnel, der unmittelbar in den „Eisernen Steg", eine hohe Wasserbrücke über die „Kleine Ammer", führt. Anschließend schlängelt sich der Kanal bis zum Kraftwerk am Bergrücken oberhalb der Ammer.

Ein rechteckiges Maschinenhaus beherbergte in den Anfangsjahren zwei 500-PS- und zwei 30-PS-Spiralturbinen. An die großen Turbinen wurde ein kräftiges Schwungrad mit 240 Um-

Der „Eiserne Steg", ein Aquädukt über den Zusammenfluß von Halbammer und Ammer bei Altenau. Kurz zuvor fließen die Wassermassen des Kanals durch einen Tunnel. Aufnahme 1998.

drehungen pro Minute gekoppelt, um gleichlaufende Leistung zu erbringen. Diese Turbinen trieben mittels Riemenkupplung je einen Maschinensatz, bestehend aus einer Bahnstrom- und einer Beleuchtungsmaschine an. Zunächst für Drehstrom eingerichtet, wurden die Bahnstrommaschinen dann auf Wechselstromerzeugung umgerüstet und erzeugten 280 kW des 5500 Volt/16 Hertz-Bahnstromes. Bereits 1908 wurde die Anlage um eine dritte Turbine, eine bereits beim Bau vorgesehene Erweiterungsmöglichkeit, ergänzt.

Die Beleuchtungsmaschinen erzeugten, wie damals üblich, Drehstrom für bahneigene Beleuchtungsanlagen, sowie zur Kostendeckung Energie für die zahlreichen Ortsnetze im Umkreis der Bahnstrecke. So waren z.B. in Murnau im Jahre 1904 insgesamt 1.664 Glühlampen, acht Bogenlampen und 13 Motoren angeschlossen. Weitere Ortsnetze waren Aschau, Kohlgrub, Saulgrub, Altenau und Oberammergau sowie die abseits der Bahn gelegenen Netze von Neuegling, Rieden, Seehausen und Peustelsau. Mit der Bahn ging also dem Ammertal und dem Murnauer Raum „das Licht auf".

Privatnutzer der Elektrizität mußten übrigens genau alle Verbrauchs-Einrichtungen angeben. So kostete eine 25-Watt-Glühlampe im Wohnzimmer jährlich 30 Reichsmark, im Schlafzimmer ging man jedoch von einer „selten benützten Lampe" zum Sonderpauschalpreis von nur 21 Mark aus! Stammtischlampen kosteten einen zehnprozentigen Zuschlag. Bis 1. Juni 1926 lag die Stromversorgung in den Händen der LAG, danach übernahmen die Isar-Amper-Werke bis in die heutige Zeit alle Ortsnetze.

Die Baukosten für das Kammerl betrugen rund 800.000 Reichsmark. Natürlich wurde im Laufe der Zeit die Ausrüstung der Anlage ständig modernisiert und angepaßt. Heute läuft der Betrieb, zentral gesteuert, vollautomatisch. Die Grundprinzipien der Stromerzeugung haben sich jedoch bis zum heutigen Tag im mittlerweile als technisches Denkmal einzustufenden Kraftwerk nicht verändert. Ein Besuch der Anlagen und des Kanalsystems ist noch heute von besonderem Interesse.

Ein Oberleitungs-Abschnitt zwischen Jägerhaus und Kohlgrub wurde mit einer neuartigen Vielfach-Aufhängung versehen, sichtbar an den zusätzlichen Haltevorrichtungen auf und zwischen dem geschwungenen Ausleger. Gut zu erkennen ist hier auch der einfache Gleisbau.

Oberammergauer Bahnhofsansicht 1905: Der zweiständige Lokschuppen, Empfangsgebäude, Bahnhofswirtschaft und Güterschuppen. Außer der Remise stehen alle Gebäude auch heute noch. Außerhalb des Bahnhofgeländes ist rechts das Ammerschlössl zu erkennen. Überragt wird die eindrucksvolle Szenerie durch das Laber-Massiv im Hintergrund.

Die Elektrifizierung der deutschen Bahnen beginnt

Nachdem die Untersuchungen der Siemens-Schuckert-Werke in Berlin ein eindeutiges Votum für Einphasen-Wechselstrom ergaben, bestellte die LAG im März 1904 dort die neue elektrische Ausrüstung für die Strecke. Siemens entfernte zunächst weitgehend die alte Fahrleitung, soweit sie überhaupt verlegt war, und installierte ab Juni 1904 alle neuen elektrischen Anlagen. Die neue Fahrleitung war dabei in den Geraden auf Holzmasten mit schmiedeeisernen Auslegern, in Krümmungen und im Bahnhofsbereich auf Gittermasten montiert. Die geschwungenen Ausleger sind im übrigen noch heute, und damit einzigartig in Deutschland, auf der Strecke montiert.

Nach Übernahme durch die LAG wird auch an den elektrischen Anlagen wieder mit Hochdruck gearbeitet. LAG 63, vormalige LMKO 2, ist im Winter 1904/05 mit einem Bauzug bei Jägerhaus unterwegs.

Mit dem Sommertriebwagen 674 und dem Winterwagen 677 stehen 1905 beide Triebwagen-Varianten vor dem Murnauer Lokschuppen. Am Winterwagen fallen das Postabteil und die veränderte Fensterfront auf.

Allerdings werden sie heute umgedreht verwendet und halten nicht mehr den Fahrdraht, sondern das Tragseil. Ein gut ein Kilometer langer Abschnitt nach Jägerhaus erhielt eine neuartige Vielfachaufhängung, ein Vorläufer der späteren Einheitsfahrleitung.

Die Arbeiten gingen zügig und problemlos voran, so daß bereits im November 1904 mit Probefahrten und Schulungseinweisungen begonnen werden konnte. Planmäßig verkehrte ein Umlauf ab 1. Januar 1905 mit elektrischer Kraft, der volle Betrieb mit allen 12 Zügen am Tag wurde schließlich zum 24. Januar 1905 aufgenommen. Die Strecke nach Oberammergau war damit die erste Wechselstrombahn, auf der fahrplanmäßig mit Einphasen-Wechselstrom niedriger Frequenz gefahren wurde. Als solche kann sie als Urzelle des heutigen elektrischen Zugverkehrs in Europa gelten. Im Vergleich zu den auch heute noch bei der DB eingespeisten 15.000 Volt und 16 2/3 Hertz lag die Spannung mit 5.500 Volt und 16 Hertz allerdings etwas niedriger.

Die LAG-Triebwagen

Als nun für das Jahr 1905 endlich die Eröffnung des elektrischen Zugbetriebes abzusehen war, rollten am 23. September 1904 die von der LAG beschafften elektrischen Triebwagen in Murnau an. Damit setzte die Bahnverwaltung auf Bewährtes, waren Triebwagen doch die Standardlösung im elektrischen Zugverkehr. Auch die LAG hatte hier schon Erfahrung und setzte beispielsweise auf der Isartalbahn seit 1899 im großen Stile Triebwagen ein. Relativ neu war jedoch im Fahrzeugbereich die Anwendung des Einphasen-Wechselstromes.

Somit stellten die Fahrzeuge für die Oberammergauer Bahn reichlich Neuland dar. Erste Fahrten fanden dann ab November 1904 auf der Strecke statt, ehe offiziell am Jahresbeginn 1. Januar 1905 der planmäßige Betrieb aufgenommen wurde.

Besondere Phantasie bewies die LAG mit der Wahl von zwei verschiedenen Wagentypen. Grundlage dieser Entscheidung war die Überlegung, daß die maximale Turbinenleistung des Kraftwerkes nicht über das ganze Jahr zur Verfügung stand. In den niederschlagsarmen Wintermonaten und dem damit verbundenen Rückgang der Wasserkraft rechnete man lediglich mit gut 300 PS Leistungspotential auf der Strecke, das für zwei gleichzeitig auf der Strecke laufende Fahrzeuge ausreichen mußte.

Unter dieser Vorgabe errechnete Siemens ein maximales Zuggewicht von 50 Tonnen für einen beladenen Zug, womit die Wagen demzufolge recht klein gehalten werden mußten. Es galt, vorhandene Kapazitäten möglichst ökonomisch auszunutzen.

Erfahrungsgemäß war im Winter mit einem niedrigeren Personenverkehr als im Sommer zu rechnen. In der wärmeren Jahreszeit mit den Urlauberströmen stieg die Zahl der zu befördernden Fahrgäste auf bis über 1.000 Reisende pro Tag an. Durch die Wahl zweier unterschiedlicher Triebwagen-Versionen als Sommer- und Wintertriebwagen wollte man diesem Umstand gerecht werden. Dabei waren die Fahrzeuge konstruktiv natürlich identisch, bei der Aufteilung der Aufbauten variierten sie jedoch.

So hatten die Sommertriebwagen, bezeichnet als LAG 674 und 675, einen reinen Personenwagenaufbau mit 30 Plätzen der 3. und 16 der 2. Wagenklasse. Bedarfsweise wurden an die 27,5 Tonnen schweren Wagen noch entsprechend dem Aufkommen Güter- oder Personenwagen angehängt.

Die Winterversion LAG 676 und 677 wies dagegen nur 20 Sitzplätze für die 3. Klasse und acht der zweiten Klasse auf, dagegen waren noch ein Postraum und ein Gepäckabteil vorhanden. Mit einem Gewicht von 26 t war der Wagen etwas leichter und konnte somit noch etwas mehr zusätzliche Anhängelast befördern. Beide Versionen hatten an den Fahrzeugenden identische Führerstände, die vom Fahrgastraum abgetrennt waren. Hier hatte der Lokführer zunächst den Fahrtrichtungsschalter und dann ein Handrad der Stufenschaltung zu bedienen. Beide Funktionen wurden durch Ketten übertragen.

Selbstverständlich war die Unterscheidung nach Sommer- und Winterwagen nicht ultimativ, so daß beide Wagentypen ganzjährig im Einsatz waren. Dies war bei einem Bedarf von zwei Triebwagen für den fahrplanmäßigen Verkehr schon allein aus unterhaltungstechnischen Gründen notwendig.

Als die Triebwagen bei MAN bestellt wurden, stellte sich die Frage der Achsanordnung. Aus den Kapazitätsanforderungen ergab sich eine Wagenkastenlänge von gut zwölf Metern, so daß die Konstrukteure zwischen einer vierachsigen Drehgestellversion und einer dreiachsigen Ausführung wählen mußten. Aus Gewichtsgründen fiel die Wahl dann auf die lauftechnisch etwas kritischere Lösung mit drei Lenkachsen. Der Achsabstand betrug jeweils vier Meter, die mittlere Achse war verschiebbar angeordnet.

Wie erwähnt, betrat die LAG mit der elektrischen Ausrüstung der Wagen weitgehend Neuland. Der „revuloutionäre" Einphasen-Wechselstrom wurde über zwei auf dem Wagendach angeordnete Schleifbügel aufgenommen. Diese

Detail-Ansicht auf die Dachaufbauten des LAG-Triebwagens mit den beiden Lyra-Bügeln. Im Hintergrund ist gut das Gelände vom Fotostandort Lokschuppen zum Lokalbahnhof zu überblicken. Ganz rechts führt ein Gleis in die Kiesgrube, in der Oberbaumaterial gewonnen wurde. Ende der 40er Jahre hatte dieser Gleisanschluß dann eine ganz andere Bedeutung ...

Sommertriebwagen LAG 676 im Sommer 1905 vor der Murnauer Werkstätte. Vorne ist die Niederspannungs-Stromabnehmerstange für den Schuppen eingehängt. Hinter dem Triebwagen ist ein Ruhe-Halt-Signal zur Einfahrt in den Lokalbahnhof erkennbar.

waren mittels Luftdruckzylinder und Anpreßfedern an die Fahrleitung angelegt. Sogenannte „Winddruckflügel" im unteren Rohrbereich sollten dafür sorgen, daß auch bei stärkerem Gegenwind kein Wegdrücken von der Leitung erfolgt.

Eine Hochspannungsleitung führte über ein Starkstromrelais und eine Schmelzsicherung auf dem Dachaufbau mittels Porzellaneinführung in einem geerdeten Messingrohr senkrecht durch den Wagen zum Hochspannungsausschalter und zum unter dem Wagenkasten angebrachten Transformator. Dieser war in einem ölgefüllten und mit Kühlrippen versehenen Blechkasten eingelagert. Mittels eines Walzenschalters wurden aus dem Trafo in acht Schaltabteilungen von jeweils 17,5 Volt die Fahrströme entnommen und den beiden Motoren zugeführt. Diese waren als mehrpolige Reihenschlußmotoren konstruiert worden und leisteten jeweils 100 PS.

Das Schaltwerk bestand aus einer Hauptwalze, belegt mit einer doppelten Reihe von Schleif-

Der Triebwagen LAG 674, postiert mit einem zusätzlichen Reise- und einigen Güterwagen für die Fotodokumentation bei Seeleiten-Berggeist.

In der Murnauer Werkstätte konnten die Triebwagen zum Achs- und Motorenausbau angehoben werden.

stücken, und leicht abklappbar dagegen drükkenden Bürstenkontakten. Eine Löschwalze sollte die beim Auf- und Abschalten in den nächsten Kontakt auftretenden Funkenflüge aufnehmen. Diese Konstruktion bewährte sich sehr gut, es war ein weitgehend ruckfreies Anfahren möglich, auch die Abnutzung blieb gering.

In die beiden Lokschuppenbereiche in Murnau und Oberammergau konnte mittels einer am Wagenende aufgesteckten, tragbaren Stromabnehmer-Stange mit Niederspannung von 150 Volt im Schuppenbereich eingefahren werden.

Mit Anlieferung der Triebwagen begann für das Betriebswerk Murnau eine einzigartige Geschichte hochwertiger Unterhaltung elektrischer Triebfahrzeuge. Diese ging sowohl für die Triebwagen, als auch später für die Elloks lange Zeit über das gewohnte Maß eines kleinen Betriebswerkes (Bw) hinaus. Praktisch mußten weitgehend alle Arbeiten, die gewöhnlich in den großen Ausbesserungswerken ausgeführt werden, vor Ort erledigt werden. Schließlich war der elektrische Betrieb nach Oberammergau ein „Inselverkehr", an keiner anderen Stelle konnten die Fahrzeuge betrieben und somit auch nicht entsprechend untersucht werden. So erfolgte bereits die Inbetriebsetzung der Fahrzeuge durch Siemens in der Murnauer Betriebswerkstätte. Alle notwendigen Unterhaltungsmaßnahmen wurden im bestens ausgestatteten Murnauer Lokschuppen erledigt. So war an den Triebwagen wöchentlich z.B. der Motor mit Luftstrahl zu reinigen.

Einmal im Monat mußten der Fahrschalter und Transformator sowie das Schaltwerk einer Revison unterzogen werden. Vierteljährlich wurden die Motoren ausgebaut und gründlich revidiert und gereinigt. Im Abstand von zwei Jahren stand eine komplette Hauptuntersuchung auf dem Programm, bei der alle Bauteile gründlich aufgearbeitet wurden. Bei erforderlichem Neuanstrich sollte der Triebwagen in der Regel jedoch in die LAG-Hauptwerkstätte in Thalkirchen geschickt werden. Später übernahm Murnau auch diese Arbeiten.

LAG 674 – 677

Achsanordnung:	A1A
Länge über Puffer:	13,8 m
Gewicht:	26/27,5 t
Leistung:	max. 220 PS
Motoren:	WBM 28,5/35
Steuerung:	Walzenschalter
Fahrstufen:	8
Sonstiges:	selbsttätige Westinghouse-Bremse

In Altenau demonstriert LAG I vor einem langen Güterzug ihr Leistungvermögen. Das Bahnhofsgebäude präsentiert sich 1906 noch im Ursprungszustand. Im Hintergrund wirkt das Hörnle-Massiv im Vergleich zu heute ungewohnt baumlos.

Zunächst zeigte die LAG sich mit den Leistungen der Triebwagen recht zufrieden. Meßfahrten mit planmäßigen Zügen und überdurchschnittlicher Zuladung auf 55 t Gesamtgewicht führten zu sehr guten Ergebnissen. Der Wirkungsgrad von über 70 Prozent bestätigte die hervorragende Eignung des gewählten Stromsystems für den Eisenbahnbetrieb.

Im Laufe der Betriebsjahre machte weniger der neuartige elektrische Teil der Wagen den Werkstätten Kopfzerbrechen, vielmehr zeigte sich, daß die Wahl der dreiachsigen Anordnung für die kurven- und steigungsreiche Bahnstrecke nicht gerade optimal war. Schlechter Lauf und hoher Verschleiß ließen im Laufe der Zeit immer mehr die neugelieferten Loks im Personenzug-Dienst heimisch werden, der Triebwagenbetrieb geriet zusehends ins Abseits. Offensichtlich waren die Fahrzeuge nach gut 15 Dienstjahren bereits so sehr verschlissen, daß der letzte Triebwagen bereits 1919 ausgemustert wurde, obwohl die drei damals zur Verfügung stehenden E-Loks allein für den Betrieb nicht ausreichen konnten. Die LAG konnte sich aber angesichts des Zustandes nicht einmal zum Weiterbetrieb im Passionsjahr 1922 oder bis zur Ablieferung der vierten Lok durchringen. Sehr ungewöhnlich auch, daß nach der Ausmusterung der vier Fahrzeuge alle Spuren ausgelöscht sind und somit eine unverzügliche Verschrottung anzunehmen ist. Gängige Praxis der LAG war es eigentlich, derartige Fahrzeuge weiter zu verwenden. So hätte sich, wenn schon der Bedarf für die Oberammergauer Bahn nicht mehr gesehen wurde, ein Umrüsten auf Gleichstrombetrieb und somit ein Einsatz z.B. auf der Isartalbahn, oder aber zumindest, der elektrischen Ausrüstung entledigt, als Personenwagen angeboten, wie dies anderen LAG-Fahrzeugen ergangen war. Über das Ende der Wagen herrscht also ebensowenig Klarheit, wie zuvor schon über die letzten Betriebsjahre. Die Fahrzeuge standen nur bei der Ablieferung wegen ihrer Bedeutung als erste Wechselstrom-Triebwagen im Licht der Öffentlichkeit – offensichtlich stahl ihnen schon gut ein Jahr später die erste an die Strecke gelieferte E-Lok, die LAG 1, die Schau.

Die erste E-Lok kommt

Bereits einige Wochen nach Aufnahme des elektrischen Zugverkehrs mit den Triebwagen wurde die LAG, vom vollen Erfolg des Wechselstrom-Betriebes animiert, zu weitern Entwicklungen auf diesem Gebiet veranlaßt. Die LAG war schon immer ein Unternehmen, bei dem mit spitzem

Bleistift gerechnet wurde. Die Tatsache, daß die Triebwagen im Vergleich zur einfacher gehaltenen Gleichstrom-Ausrüstung der anderen LAG-Fahrzeuge schwerer waren, ließen den Gedanken an eine elektrische Lokomotive reifen. Hier war das größere Gewicht der Wechselstromausrüstung nämlich durchaus als erhöhtes Reibungsgewicht willkommen. Das Rechenbeispiel der LAG war denkbar einfach: Ein Motorwagen mit 50 Sitzplätzen wog 30 Tonnen. Bei einer elektrischen Lok schlägt das Triebfahrzeug mit etwa 20 Tonnen ins Gewicht, ein Personenwagen mit ebenfalls etwa 50 Plätzen mit 10 Tonnen. Eine Erhöhung des Zuggewichtes tritt nicht ein, dagegen aber kann die elektrische Ausrüstung in einer Lok jedoch deutlich übersichtlicher und somit wartungsfreundlicher und damit kostengünstiger untergebracht werden. Im Betrieb gestaltet sich der Rangierdienst viel handlicher und der Vorteil des beim Triebwagen nicht nötigen Umsetzens zum Richtungswechsel entfällt in der Regel auf der Oberammergauer Bahn, weil meist Wagen mitgenommen werden. Entsprechend schien der LAG eine elektrische Lok für den Betrieb auf dieser Strecke an zweckmäßigsten.

Daher richtete die LAG bereits im April 1905 an Siemens eine erste Anfrage, der am 3. Juli 1905 die Bestellung einer elektrischen Lok folgte. Bereits im Oktober war das Fahrzeugteil gefertigt und anschließend nach Murnau gebracht worden. Dort erfolgte in den Folgewochen der Einbau der elektrischen Ausrüstung, so daß die Lok im Februar 1906 erstmals auf die Strecke gehen konnte.

Groß war das Interesse der Fachwelt an dieser „ersten Vollbahn-Ellok für Einphasen-Wechselstrom“, also an der Ur-Oma aller heutigen E-Loks. Intensiv kam die Maschine nun vor Güterzügen, aber auch im Personenzugdienst der Triebwagen zum Einsatz und konnte dabei alle in sie gesetzten Erwartungen übertreffen.

Mit dieser universell einsetzbaren Maschine, den vier Triebwagen und den weiterhin vorgehaltenen Dampfloks war der Fuhrpark für die Oberammergauer Bahn zunächst groß genug. Die Erfahrungen mit lokbespannten Zügen überzeugten die LAG zwar auf ganzer Linie, doch

Nach dem Ausbau wurden die Motoren gereinigt und gewartet – vor allem die Innenbesichtigung war wichtig ... (1913)

waren die zuerst beschafften Triebwagen nagelneu und auf einer anderen Strecke nicht fahrtüchig, so daß der Betrieb nun erst einmal in dieser Form weitergeführt wurde. Erst mit Blick auf die im Zehnjahres-Rhythmus für 1910 wieder anstehenden Passions-Spiele in Oberammergau kam wieder Bewegung in den Fahrzeugpark. Für die Festspiele wurde wieder ein großer Ansturm erwartet, und dabei konnten die Triebwagen kaum helfen. Für die zahlreichen Sonderzüge waren Dampfloks erforderlich, und sogar im Regeldienst war die Kapazität der elektrischen Wagen nun zu gering. So erhielt die LAG im Jahre 1909 ihre zweite elektrische Lok, bezeichnet als LAG 2. Die Erfahrungen mit der ersten Lok wurden hier umgesetzt, die Lok sollte stärker und robuster ausgeführt zum Einsatz gelangen.

Eine ausführliche Beschreibung der beiden ersten E-Loks, sowie der in den Folgejahren weiter beschafften Maschinen enthält das separate Kapitel „Die Lok-Familie E 69“ weiter hinten in diesem Buch.

Im Passionsverkehr stellte LAG 2 dann bereits eine wichtige Unterstützung zu den Dampfloks dar, von denen in der Regel drei Maschinen für einen Sonderzug benötigt wurden. Daher beorderte die LAG ab Juni 1910 zusätzlich 13 Dampfloks zum Bw Murnau. Insgesamt wurden in den kommenden vier Monaten 224.000 Passionsfahrgäste befördert, was erneut Höchstleistungen von Personal und Maschinen forderte. Mit Abschluß der Spiele kehrte nun erstmals in der Geschichte der Bahn für eine längere Phase der Alltags-Be-

trieb ein. Ruhige Jahre, die weitgehend nur von kleineren Änderungen geprägt waren.
Wenig Auswirkungen auf den Bahnbetrieb hatten die im Mai 1910 wieder aufflammenden Pläne einer weiteren Eisenbahnstrecke im Ammertal. Erneut war es unter anderem Heinrich Baumgartner, der den Eisenbahnverkehr dieser Region durch neue Strecken fördern wollte. In einem ausführlichen Aufsatz warb er für eine Linie Bad Kohlgrub – Lechbruck im Allgäu. Die Linie sollte, entgegen der ersten Planung vom 19. Jahrhundert, nun nicht mehr ab Altenau, sondern eben ab Bad Kohlgrub abzweigen, und über Bayersoien – Echelsbach (mittels einer 70 Meter Brücke die Ammer überspannend) nach Wildsteig, Steingaden bis nach Lechbruck führen, was einer Länge von 22,2 Kilometern entsprach. Mit Datum vom 13. Februar und 21. Mai 1910 wurden verschiedene Projektierungskonzessionen erteilt. In dem erwähnten Bericht wird ein „ausgezeichneter, wirtschaftlicher Erfolg" der Bahnstrecke prognostiziert, beispielsweise wegen des hohen Pilgerverkehrs zur „Wies", einer bekannten Rokoko-Kirche zwischen Wildsteig und Steingaden, sowie wegen des hohen Güterverkehrs, namentlich von der Kohleförderung in Peiting. Daß die Bahn jedoch knapp zehn Kilometer an diesem Zechenort vorbeiführte, wurde offenbar weniger berücksichtigt. Offensichtlich zeigten hier alle möglichen Investoren mehr Weitblick als das Komitee zum Streckenbau. Niemand wagte sich an die Verwirklichung des aus heutiger Sicht absolut hoffnungslosen, mit 1,8 Millionen Mark Baukosten veranschlagten Projekts. Allein für die Ammerbrücke bei Echelsbach war eine halbe Million eingeplant. Lechbruck mußte sich daher mit seiner Bahnstrecke von Markt Oberdorf begnügen, und Peiting erhielt endlich 1917 Bahnanschluß durch die Linie (Weilheim) – Peißenberg – Schongau.
Für die Oberammergauer Bahn kam im Herbst 1912 eine dritte Ellok nach Murnau, die weitgehend der LAG 2 glich und als LAG 3 im Februar 1913 in Betrieb ging. Somit erwuchs den Triebwagen zunehmend Konkurrenz, mehr und mehr waren nun die Elloks in allen Diensten zu Hause. Mit Ausbruch des ersten Weltkrieges gingen die Leistungen auf der Bahn etwas zurück. So blieb auch ein Gesuch der Gemeinde Oberammergau vom 16. Dezember 1914 ungehört, die einen Abendzug von Oberammergau nach Murnau forderte. Die LAG verwies auf die Rückgänge im Verkehrsaufkommen durch den Krieg bei Geschäftsreisen und Musterkoffern, zeigte sich aber bereit, den Zug zumindest zwischen Weihnachten und Mitte Januar für Skifahrer durchzuführen. Schwerwiegender aber war die im Kriegsverlauf beginnende Krise der LAG. Durch Verlust der ausländischen Bahnstrecken schlitterte die bis dato so akkurat und solide geführte Gesellschaft weitgehend unschuldig in Schwierigkeiten. Im weiteren Verlauf kamen bei der LAG auch zu-

Einige Reisende erwarten im gerade umgebauten Bahnhof Saulgrub die Einfahrt eines Sommertriebwagens auf dem Weg nach Oberammergau. Zum Zeitpunkt der Aufnahme, etwa 1918, stand der Einsatz der Triebwagen schon kurz vor dem Ende.

Großes Chaos an der Unfallstelle bei Grafenaschau am 2. Juni 1921: Völlig zertrümmert vor allem die vordere Lok, LAG 2 und die umgestürzten Güterwagen. LAG 1 sieht noch besser aus. Unterhalb der Unfallstelle diskutieren Fahrgäste und Personal. Im hellen Kittel ist auch der schuldige Lokführer Heckl mit von der Partie.

nehmend Aktionäre ans Ruder, die nicht mehr ihre Wurzeln im Eisenbahn-Umfeld hatten, sondern vor allem spekulativ agierten.
All dies konnte auf den Betrieb der LAG-Strecken vor Ort natürlich nicht ohne Auswirkungen bleiben. Investitionen unterblieben zunehmend, und am laufenden Betrieb wurde gespart. So schrieb die einflußreiche Fürst Quart-Isnysche Verwaltung Grafenaschau am 19. Januar 1920 an die Anliegergemeinden einen Aufruf, sich doch gemeinsam für eine Verstaatlichung der Oberammergauer Strecke einzusetzen, die nun spruchreif sei und auch von der Bevölkerung gewünscht werde. Am 22. Januar reichten daraufhin die Gemeinden Murnau, Bad Kohlgrub, Saulgrub, Unterammergau, Bayersoien und Oberammergau an die Abgeordnetenkammer eine Resolution ein. Sie stellten einen Antrag zur Übernahme der Bahn durch den Staat. Begründet wurde der Wunsch mit „den enorm hohen Fracht- und Personentarifen, zu denen die LAG durch Verlust außerdeutscher Bahnen gezwungen ist, diese zu verlangen, um sich einigermaßen über Wasser halten zu können. Die Strecke an sich rentiere sich, hat 1919 einen Überschuß von 200.000 Mark erwirtschaftet. Holzreichtum, Wetzsteinindustrie in Unterammergau und Bayersoien, die Passion in Oberammergau, Torfwerke in Bayersoien mit fünf Wagenladungen täglich und der Kohlebergbau in Kohlgrub werden die Rentabilität in Zukunft sichern…"

Doch Staat und Bayerische Staatsbahn rissen sich schon damals nicht um eine kleine Nebenbahn, und lehnten das Gesuch am 25. März 1920 ab. Eine erste Betriebseinschränkung im Weihnachtsverkehr 1920 hatte jedoch andere Gründe: Der geringe Wasserlauf der Ammer beeinträchtigte in zunehmendem Maße den Bahnverkehr und die örtlichen Stromlieferungen. Um ihre Einnahmen in den Ortsnetzen nicht zu verlieren, setzte die LAG im Zugverkehr für Wochen Dampfloks ein, um Strom zu sparen.

In der Krise die Katastrophe – Der Unfall von Grafenaschau

In all diese Probleme platzte dann auch noch der größte Eisenbahn-Unfall der LAG und bis zum schweren Zusammenstoß des Gläsernen Zuges mit einem Regionlzug 1996 in Garmisch-Partenkirchen der folgenschwerste Bahnzwischenfall des Werdenfelser Landes. Zum 1. Juni 1921 wurde der neue Sommerfahrplan eingeführt. Er wies maximal sechs Zugpaare auf, in der ruhigen Saison fuhren gar nur vier Züge in jede Richtung. Darunter ein Personenzug, der Murnau um 10.15 Uhr verließ und im Winterfahrplan in Bad Kohlgrub mit dem entgegenkommenden Güterzug aus Oberammergau kreuzte. Im neuen Fahr-

Erster Eindruck von der Oberammergauer Bahn für Fernreisende war das Empfangsgebäude Lokalbahnhof Murnau. Der massive Backsteinbau mußte schon in den 30er Jahren für Werbebotschaften herhalten. Kohlgrub und ein Erholungsheim in Murnau boten sich den Reisenden an. Der überwucherte Durchgang führte ins damals bekannte Hotel Wehe.

plan war nun diese Zugbegegnung in den aus Einsparungsgründen unbesetzten Bahnhof Grafenaschau verlegt worden. Das Personal des Personenzuges hatte dort die Weichen zu stellen und die Zugkreuzung abzuwickeln. So funktionierte das Ganze am 1. Juni auch ohne Probleme. Am Folgetag bespannte LAG 1 den Personenzug, während LAG 2 mit dem Güterzug unterwegs war. Damals hatten die Loks noch weitgehend fest zugeteilte Personale. Der auf der LAG 1 eingeteilte Lokführer Heckl hatte den Ruf, nicht ganz zuverlässig zu sein, gleiches galt für den Zugbegleiter. So dachten offensichtlich beide nicht an die verlegte Kreuzung, als sie gegen 10.30 Uhr in den Bahnhof Grafenaschau einfuhren und nach kurzem Aufenthalt die Fahrt fortsetzten. Daher setzte sich der Personenzug in Bewegung, obwohl der Güterzug mit LAG 2 bereits durch Jägerhaus rollend das starke Gefälle herunterratterte. Gegen 10.35 Uhr bogen aus den beidseitig unübersichtlichen Kurven sowohl bergwärts als auch in Talrichtung Züge in die kurze Gerade bei Kilometer 7,1.

Die von beiden Lokführern eingeleitete Notbremsung konnte den die Steigung herauf fahrenden Personenzug mit LAG 1 noch zum Stehen bringen. Die wegen der abspringenden Bremser weitgehend ungebremsten Güterwagen schoben

Links: Aus dem Lokalbahnhof heraus ließ sich das gesamte Bahngelände der Oberammergauer Bahn gut überblicken. Auf Gleis 2 ist eben ein langer Personenzug mit LAG 5 angekommen. Im Gleisvorfeld ist die LAG-Dampflok 27 tätig. Rechts: Der gleiche Standort, aber im Jahr 1998. Mehr Natur, weniger Mensch.

Nach dem Unfall 1921 waren nun wieder verstärkt Dampfloks im Einsatz anzutreffen. Lange Jahre in Murnau stationiert waren die beiden 1'Cn2tv- Loks LAG 27 und 28. Auf unserer Aufnahme im Bw hat jedoch LAG 2 ihre Dampf-Kollegin LAG 28 kalt aus dem Schuppen gezogen, um sie dem Fotografen zu präsentieren.

jedoch LAG 2 nahezu mit unvermindertem Tempo auf ihre Schwesterlok, die mit hoher Gewalt gerammt wurde. Die Wagen des Personenzuges schoben sich völlig ineinander und zerbarsten teilweise, die Güterwagen sprangen aus den Schienen oder bohrten sich in die Zuglok. Beim Betrachten der Bilder verwundert es, daß das Chaos aus Holz und Metall lediglich drei Schwer- und zehn bis zwölf leichtverletzte Fahrgäste forderte.

Der Verkehr konnte zunächst nur zwischen Murnau und Grafenaschau weitergeführt werden, doch bereits am 4. Juni war der Abendzug ab Murnau um 22 Uhr wieder auf der gesamten Strecke unterwegs. Die Karriere der beiden, am Unfall schuldigen LAG-Mitarbeiter war damit beendet. Der Unglückslokführer Heckl verdiente sich seine Brötchen in der Folgezeit als Eierhändler in Murnau...

Der Schaden an Fahrzeugen und Gleisanlagen belief sich letztlich auf mehr als zwei Millionen Reichsmark. Die Zerstörung der Loks, vornehmlich an LAG 2, deren Aufbauten nahezu zerplatzt waren, war so gravierend, das sie wohl auf Monate hin nicht mehr einsatzfähig waren. Nachdem die Triebwagen bereits zwei Jahre zuvor ihren Dienst quittieren mußten, verblieb nun lediglich LAG 3 als elektrisches Fahrzeug und mußte massiv von Dampfloks anderer LAG-Bahnen unterstützt werden. Um dem abzuhelfen, bediente sich die LAG auf dem „Schnäppchenmarkt" bei Siemens und erwarb 1922 die LAG 4. Dieses Unglück war natürlich nicht dazu angetan, die Betriebsführung der LAG bei der Bevölkerung und der Gemeinde in besseres Licht zu rücken. Unter diesen Voraussetzungen standen nun die wegen der Kriegsereignisse ins Jahr 1922 verlegten Passionsspiele an, bei denen erneut Zuschauerrekorde erwartet wurden. Am 13. Januar 1922 machte die Gemeinde Oberammergau daher in einem Brief an das Eisenbahnministerium deutlich, daß sie die LAG aufgrund deren wirtschaftlicher Situation nicht in der Lage sieht, den Passionsverkehr abzuwickeln. Dies sei schon in der unzuverlässigen Stromlieferung an die Gemeinde ersichtlich, die meist unter dem vereinbarten Werte läge. Im Dezember 1921 fiel die Versorgung gar für drei Wochen aus, weil morsche Holzmasten brachen. Als besonders dreist von der LAG empfand die Passionsgemeinde, daß sich diese den höheren Betriebsaufwand durch den Passionsverkehr mit einer Zahlung von vier Millionen Mark durch die Gemeinde absichern lassen wolle. Die Gemeinde fand dies ungeheuerlich und schlug der Staatsbahn vor, die Passionszüge auf der Staatsstrecke nach Garmisch bis Oberau fahren zu lassen und mittels Pferde- und Omnibus-Verkehr die Reisenden nach Oberammergau zu befördern. Paradoxerweise ist dieser Vorschlag zwar 1922 nicht umgesetzt worden und die mehr als 200.000 Reisenden wurden sicher über die Ammergauer Bahn befördert worden, doch 78 Jahre später, für die Spielzeit des Jahres 2000, denkt die Deutsche Bahn AG genau über diese Betriebsabwicklung nach. Die Gründe lesen sich ähnlich: Investitionsstop, Abbau von Leistungen, keine Kreuzungsmöglichkeiten. Nach gegenwärtigen Planspielen werden eventuell ICE-Garnituren als Passionssonderzüge bis Oberau an der Garmischer Hauptbahn gefahren, dann ist der Weitertransport der Gäste auf den überlasteten Straßen geplant!

Trotz dieser anfänglichen Bedenken und Ressentiments gegenüber einer erfolgreichen Spielsaison, auch 1922 leistete die LAG einen erfolgreichen Passionsverkehr auf der Oberammergauer Bahn. Es wurden sogar eigens zwei neue Dampfloks durch die LAG angeschafft, die Maschinen LAG 80 und 81. Diese waren an die Staatsbahnloks der Bauart GtL 4/4 angelehnt und gelangten später als 98 1601 und 1602 zur Reichsbahn. Nach der Passionsspielsaison leisteten sie ihre Dienste aber zunächst auf der Isarthalbahn der LAG.

Das Krisenjahrzehnt endet mit Investitionen

Der Erfolg im Passionsjahr 1922 konnte die wirtschaftliche Krise der Nachkriegszeit und die Schwierigkeiten der LAG nicht übertünchen. So lief die Betriebsabwicklung in den zwanziger Jahren weitgehend auf niedrigem Niveau ab. Die Beförderungszahlen sanken gar in der zweiten Hälfte dieses Jahrzehnts auf unter 200.000 Personen, lediglich der Güterverkehr entwickelte sich sehr positiv. 1924 wurden noch 30.436 t befördert, 1927 konnte mit einem nie mehr erreichten Spitzenwert von 59.025 t fast die doppelte Menge abgefahren werden.

Investitionen auf der Bahn gab es zunächst lediglich in einer Erweiterung der Murnauer

Hochbetrieb für die Werkstätte – alle drei Elloks am Betriebswerk Murnau. Vorne links die neue LAG 3 mit dem modernen Stromabnehmer, dahinter LAG 2 und rechts die erste Ellok, LAG 1.

Jede Passion ist gut für eine neue E-Lok. Zur Spielzeit 1930 gönnte sich die LAG die Lok 5, die am 1. April 1930 auf ihre erste Fahrt geht. Allerdings macht speziell der wuchtige Doppelwippen-Stromabnehmer noch Probleme, so daß die Lok erst Wochen später in Betrieb gehen kann. Bild rechts: Während ein weiterer Sonderzug in Oberammergau eingetroffen ist, steht LAG 1 mit der regulären Personenzug-Garnitur zur Abfahrt nach Murnau bereit. Sommer 1930.

Werkstätte. Das dortige Betriebswerk errichtete bereits die LMKO Ende des 19. Jahrhundertsbeim Bau der Bahn. Damals entstand im Bahngelände zwischen Lokalbahnhof Murnau und der Station Murnau Ort eine Wagenhalle mit zwei Gleisen sowie ein eingleisiger Lokomotivschuppen. Diesen hatte die LAG bereits unmittelbar nach Übernahme der Bahn 1904 wieder abgerissen. Durch das Einfügen einer Trennmauer wurde die Halle nun in der Mitte halbiert. Eines der beiden Gleise führte durch beide Hallenhälften, das zweite endete nun in der Hallenmitte. Dafür entstand an der linken Außenwand entlang ein neues Gleis, das durch eine Verlängerung des Hallendaches in voller Länge überdacht war. Die Bw-Anlagen richteten sich durch den Umbau auf die Wartung der Elloks aus, nachdem die ursprünglichen Einrichtungen für die Triebwagen-Unterhaltung nun schon seit Jahren überflüssig waren.

Die für 1930 anstehenden nächsten Passionsspiele, denen bereits vier Jahre später Jubiläumsspiele folgten, ließen Ende der zwanziger Jahre zahlreiche weitere Investitionen auf der Bahn nötig werden. Die Gleisanlagen im Murnauer Lokalbahnhof erfuhren eine umfassende Umgestaltung und die Ausrüstung mit neuer Signaltechnik. Für die vielen zusätzlich in Murnau stationierten Lokomotiven mußten die Versorgungsanlagen im Bw-Bereich erweitert werden. So wurde sogar eine maschinentechnische Fahrdienstleitung eingerichtet, eine alte Brunnenanlage wieder in Betrieb gesetzt.

Neu entstand in Murnau auch ein Putzgraben für Dampfloks im Bereitstellungsgleis und neuzeitliche Leuchten sollten die Ausleuchtung der Murnauer Bahnanlagen sicherstellen. Entlang der Strecke erfolgte der Ausbau des Bahnhofsgebäudes Grafenaschau und ein Neubau in Kohlgrub, wo auch ein Wasserkran aufgestellt wurde. In Oberammergau errichtete die LAG eine neue Güterhalle und vergrößerte die Gepäckabfertigung. Auch die Wasserversorgung am Endpunkt wurde auf drei Wasserkräne erweitert, ebenso um einen Hochbehälter mit 5 m^3 Fassungsvermögen zum raschen Bewässern mittels Schlauch.

Alle Bahnhöfe erhielten ferngesteuerte Weichen, die Fahrleitung wurde auf der gesamten Streckenlänge überarbeitet sowie in den Bahnhofsbereichen durch vermehrten Einsatz von Querträgern übersichtlicher gestaltet. Alle Masten wurden neu gestrichen, jene aus Holz erhielten Eisenbetonfüße. Auch das Kraftwerk

Kammerl wurde modernisiert, eine neue Schaltanlage eingerichtet.
Herausragendste Neuanschaffung war jedoch die fünfte Ellok der Strecke, die rechtzeitig zur Passionssaison 1930 in Betrieb gehen konnte. Diese deutlich größer und leistungsstärker dimensionierte, als LAG 5 bezeichnete Lok leistete im starken Passionsverkehr bereits wertvolle Dienste. Dennoch mußte der Fahrzeugpark kräftig von Dampfloks unterstützt werden. Es wurde ein Bestand von 13 Stück aufgebaut, wovon acht Maschinen von der Deutschen Reichsbahn (DRG) angemietet waren. Die LAG schickte neben den Murnauer Loks LAG 27 und 28 ihre Thalkirchner Loks 69, 80 und 81 auf die Oberammergauer Bahn, von der DRG kamen die 98 417, 432, 443, 448, 539, 662, 663 und 666, jeweils von den Bw Regensburg, Nürnberg und Würzburg, auf die Strecke. Hierbei wurde an 98 666 die fällige Untersuchung im Bw Murnau ausgeführt.
Generell bemängelte die LAG den im Vergleich zu den eigenen Maschinen schlechten Unterhaltungszustand der Reichsbahn-Maschinen. So mußten bei einzelnen Loks die Aschkastenklappen durch Gewichte beschwert werden, um sie dicht abschließen zu können. Das Personal wurde von anderen LAG-Strecken herangezogen, in großer Zahl von der Lausitzer Eisenbahnverwaltung, an der die LAG mit 87 Prozent beteiligt war.
Betriebstechnisch waren die Passions-Züge in der Regel durch zwei Dampfloks bespannt, auf der Fahrt von Grafenaschau bis Altenau in beiden Richtungen durch eine Schiebelok unterstützt. Wegen der unmittelbar nach den beiden

Am 22. Juli 1930 herrscht dichtes Gedränge im Endbahnhof Oberammergau. Auf den Gleisen 1 und 3 sind gerade zwei Sonderzüge zum Passionsspiel angekommen, die Fahrgäste ergießen sich in den Bahnhof. Während den linken Zug zwei 98er der Reichsbahn heraufgeschleppt haben, hatte der Zug in Gleis 3 noch Schub durch LAG 5 erhalten. Die Wagenabstellgleise sind bereits voll belegt.

Auch für die Passionsspiele 1934 stellt die Reichsbahn Lokhilfe. 98 870 ist eine der vielen 98er, die erneut die schweren Züge ins Ammertal bringen müssen. Ein Teil des zusätzlichen Personals posiert in Murnau zum Erinnerungsfoto.

Die Passionsspielsaison 1934, anläßlich des Jubiläums 300 Jahre Passionsspiele außerhalb der Zehn-Jahres-Dekaden, kündigt sich an. Auch im fernen Halle (Saale) wirbt die Reichsbahn für einen Sonderzug nach Oberammergau. Nicht weniger interessant: die Taxen im Vordergrund.

Bahnhöfen einsetzenden starken Steigung entschloß sich die Betriebsleitung, die Züge nicht zum Ansetzen der Lok anzuhalten, sondern die Schublok auf den fahrenden Zug aufschließen zu lassen. Hierzu wurden die Lokführer besonders eingeschult, die Geschwindigkeit des Zuges bei diesem, der Eisenbahn-Fahrtvorschrift eigentlich widersprechendem Manöver auf 10 km/h begrenzt. Offensichtlich kam es aber zu keinen Problemen bei dieser Betriebsabwicklung.

So gerüstet bewältigte die Bahn auch die Spiele des Jahres 1930 anstandslos und mit 552.307 Reisenden konnte eine Höchstmarke erreicht werden, auch wenn der Anteil der mit dem Zug anreisenden Gäste erstmals rückläufig war.

In den nur vier Jahren zwischen diesen und den nächsten Jubiläumsspielen (300 Jahre Passion Oberammergau) brachen die Beförderungszahlen wirtschaftsbedingt drastisch ein. Mit nicht mal 113.000 Personen wurde 1932 ein Ergebnis erzielt, das an die Konkursjahre der Anfangszeit erinnerte, die Güterleistungen lagen gar unter dem Wert von 1903! Entsprechend erfolgte eine drastische Einschränkung des Verkehrsangebotes. Dennoch erfuhr der Streckenausbau vor den Passionsspielen 1934 eine Fortsetzung.

Auch die LAG 4 ist in neuem Gewand im Passionsverkehr wieder mit von der Partie. Auf einer ihrer ersten Fahrten im Sommer 1934 erhielt sie hier im Bahnhof Unterammergau noch Unterstützung von LAG 28.

In Murnau erhielten die Bw-Anlagen im Rahmen eines erneuten Umbaues die Form, die dann bis zum Ende in den 80er Jahren beibehalten wurde. So verlängerte die LAG die gesamte Halle um acht Meter, was durch den Fassadenunterschied mit Fachwerk-Trägern bzw. verputzen Wänden sichtbar war. Die erst 1926 eingezogene Trennmauer wurde wieder abgetragen, so daß in die Halle wieder zwei gleich lange Gleise führten.

In Altenau wurde der Bahnhof um ein Wohngebäude ergänzt, und Oberammergau erhielt eine Quer-Bahnsteighalle. Die nach den Passionsspielen 1930 abgestellte E-Lok LAG 4, der Sonderling unten den fünf Maschinen, wurde nach vierjähriger Abstellzeit in München-Thalkirchen wieder neu aufgebaut und den anderen Loks angeglichen. Somit standen fünf leistungsfähige E-Loks für den Verkehr zur Verfügung, die erneut durch LAG- und DRG-Dampfloks Unterstützung erhielten. Dennoch mußten erstmals rückläufige Reisendenzahlen verzeichnet werden, die um gut 20.000 Personen unter den letzten Ergebnissen lagen. Der zunehmende Individual- und Omnibus-Verkehr wirkte sich zunehmend negativ aus. Die LAG konnte dies wohl verschmerzen, da dieser Entwicklung zumindest ein wieder spürbarer Aufwärtstrend im Alltagsbetrieb gegenüberstand, entwickelte sich doch das Reisenden- und Güteraufkommen wieder deutlich nach oben. 1937 wurde mit 325.361 beförderten Personen ein bislang nicht annähernd erreichter Wert verzeichnet.

Der zweigleisige Ausbau der Strecke München – Garmisch-Partenkirchen zur Vorbereitung der Olympischen Spiele 1936 machte im Frühsommer 1935 einen Umbau der Brückenüberführung dieser Strecke bei Murnau Ort nötig. Auf Kosten der Staatsbahn wurde ein Widerlager-Flügel abgebrochen und zurückversetzt neu aufgebaut, die Stahlträgerbrücke der Oberammergauer Bahn über die Gleise der Garmischer Strecke mußte verlängert werden.

Die zeitgemäße Maskerade hat der LAG nicht genützt. Auch wenn sich LAG 1 und der Murnauer Lokalbahnhof noch so führertreu herausgeputzt haben – die LAG wird 1938 verstaatlicht. Bemerkenswert auf dieser Aufnahme sind auch die simplen Betonprellböcke im Lokalbahnhof, sowie die abenteuerliche Balkenkonstruktion für den Stromabnehmer der Lok.

Das Ende der LAG

Den wieder zurückkehrenden Erfolgen der LAG ab Mitte der 30er Jahre standen große politisch motivierte Probleme gegenüber. Bereits ab 1933 betrieben die Nationalsozialisten massive Hetzkampagnen gegen die LAG wegen angeblicher jüdischer Unterwanderung. Zwei Vorstandsmitglieder der LAG legten schließlich ihre Ämter nieder, um den Druck auf die LAG zu lindern.

Die wahren Gründe lagen aber anders, so daß die Einflußnahme der Nazis auch nicht zurückging. Es waren wohl vor allem strategische Gründe, warum die damals regierenden Machthaber gegen die LAG vorgingen. Die starken Transporte von Rüstungsgütern aus Geretsried über die Isartalbahn waren schließlich der Auslöser, die Localbahn Actiengesellschaft mit Reichsgesetz vom 16. Juni 1938 zum 1. August gleichen Jahres zu verstaatlichen, auch die geplante Neugestaltung der Bahnanlagen im Großraum München trug zu dieser Entscheidung bei. Sie war zumindest nach außen die Begründung für diesen Schritt.

Somit ging auch die Bahnstrecke nach Oberammergau mit ihrem gesamten Fuhrpark in das Eigentum der Deutschen Reichsbahn über. Die Bevölkerung des Ammertals sah dies überwiegend positiv, an der Betriebsführung änderte sich unmittelbar nichts, auch das Personal wurde übernommen. An den Seiten der kleinen Loks ragten nun jedoch die Schriftzüge der Deutschen Reichsbahn und die Maschinen fanden Eingliederung in das Nummernschema der DR mit der Baureihen-Bezeichnung E 69: Aus LAG 1 wurde E 69 01, aus LAG 2 E 69 02, LAG 3 wurde zur E 69 03, LAG 4 zur E 69 04, und LAG 5 fuhr nun mit der Nummer E 69 05.

Betriebstechnisch wollte die DR viele Aufgaben des Bw Murnau zunehmend in ihre zentralen Ausbesserungswerke übernehmen, aber bis auf wenige Ausnahmen blieben doch alle Arbeiten an den Loks in Murnau, das dadurch eine Sonderstellung in der Werkstättenordnung der Reichsbahn innehatte. Die Ausrüstung der Werkstatt Murnau blieb weiterhin überdurchschnittlich. Der Arbeitsumfang umfaßte weitgehend auch die Leistungen, die sonst nur in den großen Ausbesserungswerken ausgeführt wurden.

In den ersten Kriegsjahren wurde der Betrieb auf der Oberammergauer Bahnlinie weitgehend unverändert weitergeführt. Die Zugleistungen blieben auch in dieser Zeit auf gleichem Niveau, wenngleich sich Personalbestand und Beförderungsstrukturen kriegsbedingt natürlich wandelten. Erst mit dem bis ins oberbayerische Voralpenland immer deutlicher spürbaren Zusammenbruch Nazi-Deutschlands gingen ab Ende 1944 die Leistungen auf der Bahn stärker zurück, der Fahrplan 1944/45 wies nur noch vier

Kriegsbedingt nahm der Personenverkehr in den 40er Jahren ab. Die mittlerweile als E 69 03 bezeichnete ehemalige LAG 3 zuckelt mit einigen Wagen aus Murnau Ort heraus. Es ist einer der ersten Einsätze der Lok nach ihrem mehrmonatigen Umbau im RAW Freimann.

Vor den Passionsspielen 1950 arbeitet die Murnauer Werkstätte ihre E 69 gründlich durch. E 69 03 hat am 30. Juni 1949 ihren Kuraufenthalt gerade beendet und zeigt sich in bestem Pflegezustand und vom Bw-Maler Ostermaier in makellosem Grün neu gestrichen. Im verkrauteten Gleisfeld stehen noch immer die alten Lokalbahn-Wagen herum.

Zugpaare und einen Abendzug auf. Im April 1945 herrschte noch an fast allen Tagen regulärer Betrieb auf der Bahn, zu kriegsbedingten Schäden kam es an den Betriebsanlagen nicht. Lediglich zu Kriegsende im Mai 1945 lag der Bahnverkehr weitgehend still. Nur an neun Tagen waren einzelne Züge, vor allem wohl mit Güter, unterwegs – das Reisebedürfnis der Bevölkerung dürfte allerdings auch nicht besonders groß gewesen sein. Im Juni 1945 genügte noch meist der tägliche Einsatz von E 69 03, um alle Leistungen zu erbringen, während bis kurz vor Kriegsende fast alle fünf Loks täglich im Einsatz waren. Auch im Juli und August wurden wenige, wenn aber auch zunehmend mehr Züge einsetzt. Ab August 1945 arbeitete die Werkstätte wieder. Bis Jahresende 1945 stiegen die Leistungen permanent an, ab 1946 wurde weitgehend ein normaler Bahnbetrieb gefahren.

Die 50er – Umbruch, Hoffnung und viel Neues

Bislang galten die fünfziger Jahre als die große Wende für die Oberammergauer Bahn. Der Wechsel von der verträumten bayerischen Lokalbahn hin zur großen weiten Welt und der modernen Bahn. In Wirklichkeit brachten diese Jahre vor allem enttäuschte Hoffungen und gescheiterte Versuche, den Bahnbetrieb ins Ammertal neu zu ordnen.

In den ersten Nachkriegsjahren verlief der Betrieb nach Oberammergau noch ohne wesentliche Änderungen. Lediglich im Bereich des Bw Murnau gab es viel zu tun. Ein neues Aufgabengebiet erschloß sich die Werkstätte mit umfangreichen Wagenausbesserungen von kriegsbedingt beschädigten Wagen. Hierzu war der Personalbestand auf mehr als siebzig Eisenbahner angewachsen. Die Wagen waren auf dem teilweise noch erhaltenen, zweiten Streckengleis der Garmischer Hauptbahn abgestellt und wurden nach und nach dem Bw Murnau zugeführt. Sofern möglich kamen sie zur Reparatur in die Werkstätte, andernfalls wanderten sie in die „Zerlegergruppe“, einem längeren Gleis, das aus dem Bw in die benachbarte Kiesgrube führte. Die LAG gewann dort früher Oberbaumaterial für die Strecke.

Die größtenteils ausgebrannten Wagen wurden in der Regel von E 69 01 übernommen und je nach „Schicksal“ ins Bw oder in die Kiesgrube rangiert. Dort arbeiteten vorwiegend aus Oberschlesien vertriebene ehemalige Reichsbahner, aber auch aus Murnau und Garmisch stammen-

Wahrlich ein ungewöhnlicher Anblick im von den E 69 geprägten Ammertal muß dieses Fahrzeug gewesen sein. Versuchsweise kam ein Hamburger S-Bahn-Triebzug der Baureihe ET 99 zu Meßfahrten auf die Oberammergauer Strecke (hier eine Aufnahme aus Hamburg). Den Zugbegleitern sind durch den Mißerfolg der Fahrten zumindest viele Türen erspart geblieben ...

de Beamte, die auf ihre Entnazifizierung warten mußten und nicht mehr im regulären Dienst eingesetzt werden durften. Diese Arbeiten dauerten bis ins Jahr 1949.

In der Lokwerkstätte herrschte ebenfalls Hochbetrieb. Zum einen beherbergte das Bw Murnau nun ständig Fahrzeuge auch für den Hauptbahnbetrieb. Vorwiegend war es die für den Rangierbetrieb Murnau und Schubdienst am Hechendorfer Berg benötigte Baureihe E 60, die im Bw Murnau stationiert wurde. E 60 07 gelangte als erste 1946 an den Staffelsee, aber auch zu zweifelhafter Berühmtheit. Am 23. Dezember des gleichen Jahres wurde sie bei einem schweren Unfall in Hechendorf unter einer E 44 begraben und fast vollständig zerstört. Die Maschine kam daraufhin als Torso ins Bw Murnau zurück und verblieb dort, unter einem extra errichteten „Freistand“ und unter Planen abgedeckt, für die nächsten Jahre abgestellt. Erst 1949 waren im RAW Freimann wieder Kapazitäten zum Ausbessern einer derart schwer beschädigten Lok frei. Als Ersatz kam E 60 10 nach Murnau, bislang kriegsbeschädigt im österreichischen Wörgl abgestellt. In Murnau konnte die Lok repariert werden, und anschließend war sie bis in die siebziger Jahre eine der „treuesten“ Murnauer E 60 (wenn dann auch als Lok des Bw Garmisch) und heute ist sie Museumslok des Verkehrsmuseum Nürnberg. Als E 60-Ersatz war für einige Wochen die große E 52 34 in Murnau beheimatet, sie ist heute ebenfalls Museumlok. Aber auch Fremdloks kamen von Zeit zu Zeit ins Bw Murnau, um dort in der hochqualifizierten Werkstätte gewartet zu werden. Alle diese Maschinen konnten jedoch nicht mit eigener Kraft ins Bw fahren. Vielmehr fuhren sie in der Regel „mit Schwung“ und abgesenktem Stromabneh-

E-Lokbeheimatungen im Bw Murnau

E 52 34	04.05.49 – 11.06.49	
E 60 05	06.12.47 – 29.02.48	
E 60 06	02.12.49 – 20.01.50	
E 60 07	11.07.46 – 23.12.46	
	24.12.46 – 24.03.49	„Z“
	04.02.52 – 22.02.52	
E 60 10	01.02.47 – 03.02.52	
	29.02.52 – 05.02.54	

Ab den 50er Jahren kamen Dampfloks der Reihe 54 gelegentlich im Güter- und Bauzugdienst auf die Oberammergauer Bahn. Bei der Systemumstellung war dann überwiegend 54 1723 auf der Strecke tätig. Unser Foto zeigt die Maschine in den 60er Jahren im Münchner Raum.

te nun auch Anstoß für eine Betriebsumstellung auf das übliche Stromsystem und somit den Anschluß an die große Eisenbahn sein. Gleichzeitig sollte der Oberbau der Bahn grundlegend saniert werden.

1952 begannen die Arbeiten an der Bahnstrecke. Abschnittsweise wurde der Oberbau abgetragen und nun endlich ein Schotterbett verlegt, bislang lagen die Schienen lediglich auf Sand und Kies. Parallel dazu wurden die alten Oberleitungsmasten durch neue Stahlgittermasten ersetzt. Bei den Bauarbeiten kam überwiegend eine Dampflok der Reihe 54, darunter 54 1723, zum Einsatz.

Der reguläre Bahnbetrieb war in der Regel nicht eingeschränkt. Allerdings ereignete sich durch den Baubetrieb erneut ein Unfall auf der Bahn. Am 7. Juli 1952 stieß der 9-Uhr-17-Zug ab Murnau bei Seeleiten-Berggeist mit einem Rottenkraftwagen zusammen, in dem ein Bahnarbeiter ums Leben kam. Zehn Personen im Reisezug wurden zum Teil erheblich verletzt, die Zuglok E 69 02 erlitt massive Beschädigungen und mußte einige Wochen lang im Bw Murnau wieder „zusammengeflickt“ werden. Um den stark beschädigten vorderen Vorbau wieder auszurichten, wurde extra der Lokführer Baur, mit besonderen Spengler-Fähigkeiten ausgestattet, für einige Wochen vom Zugdienst befreit und in die Werkstätte geschickt, bis die Lok wieder in Form gekommen war.

Bei den Bauarbeiten auf der Strecke fand vorwiegend noch vorhandenes Material vom zweiten Streckengleis der Garmischer Hauptbahn Verwendung. Der zu den Olympischen Spielen von 1936 vorgenommene zweigleisige Ausbau des Streckenabschnitts Huglfing – Hechendorf war ja bereits im Laufe das Jahres 1942 kriegsbedingt wieder größtenteils Makulatur geworden. Nur das kurze Stück Murnau – Hechendorf verblieb, wegen der starken Steigung, bis in die heutige Zeit zweigleisig. Noch verbliebenes Materi-

Die alte Außerfernbahn-Lok E 62 01 erhielt am 6. Oktober 1953 völlig überraschend im AW Freimann eine neue Hauptuntersuchung. Die Maschine sollte nach der Systemumstellung zusammen mit E 69 05 den Zugverkehr zwischen Murnau und Oberammergau übernehmen.

al des 1942 stillgelegten Streckengleises fand nun auf der Oberammergauer Bahn Verwendung – Masten, Schwellen und Schotter.

Im Juli 1952 wunderten sich die Fahrgäste im Abschnitt Altenau – Unterammergau über bis zu sieben Meter tiefe Ausschachtungen entlang der Strecke. Im moorigen Untergrund mußten unter erheblichem Aufwand Betonfundamente für die Masten angelegt werden. Die Anliegergemeinden gerieten zunehmend in Euphorie über die Zukunft der Bahn. Bereits in diesem Sommer waren fast alle Bahnhofsanlagen umgerüstet, bis zum Jahresende 1952 sollte die ganze Strecke erneuert sein. Das Ammertal rechnete schon ab Herbst mit durchgehenden Zugverbindungen nach München und Augsburg. Doch die DB schwenkte quasi „über Nacht" völlig um! Bereits im August 1952, mitten in den Umbauarbeiten, hielt sie den Umbau der Strecke plötzlich für undurchführbar, müßten doch auch die Brücken und weitere Teile des Oberbaus erneuert werden, um schwerere Loks einsetzen zu können. Die Bahn errechnete Kosten von 3,1 Millionen DM, daraufhin wurden die Arbeiten weitgehend eingestellt.

Ein verregneter Sommer 1953 brachte die Arbeiten dann unfreiwillig wieder in Schwung. Hochwasserkatastrophen im ganzen Alpengebiet ließen auch die Oberammergauer Strekke ins Rutschen kommen – im Juni beschädigte ein Dammrutsch bei Grafenaschau das Gleis erheblich, im gesamten Streckenverlauf von Ramsachleiten bis Jägerhaus traten Schäden auf. Nun mußte zwangsläufig eine weitere Oberbausanierung erfolgen. Von 5. bis 23. Oktober war der Abschnitt Murnau – Grafenaschau gesperrt und der Oberbau zwischen Seeleiten und Grafenaschau komplett erneuert worden. Dabei verlegte die DB am 9. Oktober 1953 auch ihre zweimillionste Betonschwelle, die goldlackiert im Rahmen einer Feierstunde zum Einbau kam.

Bahn nach Murnau gebracht worden. Im Laufe der nächsten Wochen mußten nun weitere dieser Altbau-Triebwagen, Baujahr ab 1927, nach Garmisch umbeheimatet werden. Die Triebwagen waren im Münchner Vorort-Verkehr entbehrlich geworden, da die Bundesbahn-Direktion München im Großraum der Landeshauptstadt den Wendezug-Dienst mit E 44 einführte. Da das Bw Murnau seine Selbständigkeit als Betriebswerk mittlerweile verloren hatte, wurden die nun nach Oberammergau fahrenden ET 85 im Bw Garmisch beheimatet, aber der Außenstelle Murnau zugeteilt.

Wer aber nun dachte, die Bahnwelt im Ammertal sei mit dem Streckenumbau und dem vereinheitlichten Stromsystem wieder in Ordnung, war bald bitter enttäuscht. Während sich der Aus- und Umbau der Strecke dem Ende näherte, kündigte die DB auf ihrer frisch hergerichteten Bahn radikale Betriebseinschränkungen an – die örtlichen Gemeindevertretungen beriefen Krisengespräche ein. Einsparungen von jährlich 160.000 DM sollten erfolgen, und statt der von den Gemeinden erwarteten durchgehenden Zugverbindungen in die Landeshauptstadt kündigte die DB drastische Kürzungen an. Bereits zum Sommerfahrplan 1954 wurden die Haltepunkte Ramsachleiten und Scherenau aufgelassen. In Unterammergau, Altenau, Saulgrub und Grafenaschau zog die BD München den Fahrdienstleiter ab und zum Winterfahrplan 54/55 ersetzte sie fast die Hälfte aller Züge wurde durch Busse. Dies betraf die Züge um 4.55, 10.21, 13.11 und 20.04 Uhr ab Oberammergau und 8.20, 12.05, 14.50 und 22.48 Uhr ab Murnau. Dabei gab es erheblichen Widerstand gegen diese Einschränkungen. So war die Straßenverbindung Murnau – Kohlgrub schlecht ausgebaut und Tonnagebeschränkungen verhinderten den Buseinsatz, bis sich die Bahn an Ausbaumaßnahmen beteilige und offensichtlich auf der Straße ihr Geld besser aufgehoben sah als auf ihrem eigenen Gleis. Unmittelbar an die Umstellung auf Busverkehr hagelte es auch sofort Proteste aus der Bevölkerung, die aber fast 30 Jahre nichts am starken Busangebot ändern konnten.

Die Ammertal-Gemeinden waren also reichlich schockiert. Anstatt auf ihrer frisch renovierten Strecke Angebotserweiterungen zu erhalten, mußten sie sich unvermittelt mit Stillegungsgerüchten auseinandersetzen.

Unterdessen verlief der Verkehr auf der Oberammergauer Strecke nach der neu gemischten Aufgabenverteilung, wobei nach Ausscheiden der E 62 01 (die Lok wurde nach ihrem Mißerfolg schließlich am 23. April 1955 ausgemustert) die Dominanz der ET 85 zunahm. Auch E 69 05 und die im Juli 1955 ebenfalls an ihre alte Stammstrecke zurückgekehrte E 69 04 waren mittlerweile wieder vermehrt im Einsatz.

In der Regel fuhren nun zwei Einheiten des Triebwagens ET 85 einen Großteil der Reisezüge. Die Zugbildung bestand dabei aus Triebwagen – Beiwagen – Triebwagen. Mit dem beigestellten Beiwagen wurde aus Zuglastgründen der Einsatz eines zweiten Triebwagens notwendig, sonst hätten die Steigungsabschnitte nicht bewältigt werden können. Eine deutlich unwirtschaftlichere Zugbildung als zuvor bei den E 69 wurde also notwendig. Daher kam ab September 1958 auch der aus dem ET 85 umgebaute

ET 85/ET 90

Serienfahrzeuge wurden ab 1927 abgeliefert und vor allem im Münchner Vorort-Verkehr eingesetzt. Die Triebwagen hatten eine Länge von 20,3 Metern und ein Gewicht von 39,7 t. Als letztes Fahrzeug wurde 485 005 im September 1977 ausgemustert. Heute ist noch ET 85 07 als Museumsfahrzeug vorhanden.

In Garmisch beheimatet und damit auch zwischen Murnau und Oberammergau eingesetzt waren die Fahrzeuge:

ET 85 05/103*	16.11.55 – 28.09.58
	08.05.59 – 15.05.60
ET 85 11/101*	12.58 – 01.12.59
ET 85 22	02.10.54 – 08.12.55
ET 85 23	24.06.54 – 08.12.55
ET 85 29/102*	03.12.55 – 15.05.60
ET 85 30	18.04.57 – 07.05.59
ET 85 34	23.06.56 – 15.05.60
ET 90 02	27.09.58 – 15.05.60

Leihweise kamen auch die ET 85 24 und 28 zum Einsatz

* Fahrzeuge erhielten zwischenzeitlich 1.-Klasse-Abteile und wurden zur Unterscheidung mit Hunderter-Nummern versehen.

ET 90 02, der eine abweichende Getriebeübersetzung und somit eine Höchstgeschwindigkeit von nur 53 km/h aufwies, als Stammgast auf die Oberammergauer Bahn. Mit ihm konnte nun ein Beiwagen und sogar zusätzlich noch ein Postwagen befördert werden, ohne einen zweiten Triebkopf zu benötigen.
Außerdem hatte er bereits das mehrlösige HiK-Steuerventil, gegenüber dem einlösigen Bremsventil des ET 85. In der langen Gefälle-Strecke war dies ein großer Vorteil, machte den regulären ET 85 hier doch die ungenügende Bremswirkung arg zu schaffen – nicht nur einmal rutschten die Züge durch den Haltepunkt Jägerhaus. Brems- und Schaltwerksprobleme begleiteten den Einsatz des ET 85 auf der Oberammergauer Bahn,

Einer der ersten Gäste nach der Umstellung der Strecke auf das bundesbahnübliche Stromsystem war der Gläserne Zug. Im Winter 1955 besucht der Aussichtstriebwagen erstmals die Oberammergauer Strecke.

Aus Kapazitätsgründen wurden einige Züge auch aus zwei Triebwagen und einem Beiwagen gebildet. ET 85 24 und ET 85 102 machen am 1. Mai 1957 gerade Pause im Endbahnhof.

Ganz hatte die Lokalbahn-Romantik auf der Oberammergauer Bahn noch nicht ausgespielt. E 69 04 mit ihrer hübschen Wagengarnitur symbolisierte am 17. Mai 1959 bei der Einfahrt mit P 2582 in Oberammergau das gewohnte Bild der Bahn.

dagegen waren die Laufeigenschaften sehr gut, anders als oftmals dargestellt.
Der ET 90 02 war übrigens von der Königsseebahn abgezogen worden und kam nach seinem Intermezzo zwischen Murnau und Oberammergau später noch für viele Jahre auf die Bahnlinie Bad Aibling – Feilnbach, womit sich das Schicksal dieser Bahnen, von der gleichen Bahngesellschaft erbaut und gemeinsam in Konkurs und zur LAG geraten, nochmals kreuzte.
Daneben waren aber auch die beiden in Murnau verbliebenen E 69, die alten Stammloks der Bahn, ständig im Personenverkehr anzutreffen. Bereits im Winter 1955/56 eroberten sie sich wieder über 200 Laufkilometer pro Tag.
1957 und 1958 dominierte dann nochmals der Triebwagen, die E 69 04 und 05 stritten sich um eine Tagesleistung von nur 60 Kilometern. Im Winter 1958/59 dagegen standen wieder fünf Personen-, zwei Güterzüge und sogar ein Leervorspann vor dem ET 90 im Plan der Lokomotiven, dies hielt sich auch in den folgenden Fahrplanperioden so.

Passion 1960 – Betrieb mit modernen E-Loks

Zur Passion 1960 beschränkte sich der Planeinsatz der beiden Garmischer E 69 auf den Güterverkehr, doch auch die Altbau-Triebwagen mußten nach nur sechs Jahren am 15. Mai 1960 das Feld auf der Oberammergauer Bahn wieder räumen. Bereits ab April 1960 kamen zur Personalschulung erste E 41 im Wendezugverkehr auf der Bahn nach Oberammergau zum Einsatz. Die modernen Elloks der Baureihe E 41 des Bw München Hbf verdrängten zum Sommer- und Passionsfahrplan 1960 mit Wendezügen, gebildet aus drei Mitteleinstiegswagen, die alten E 85 und ET 90-Triebwagen. Bereits einige Tage zuvor, am 3. Mai 1960 verlor die Bahn ihren markanten Startpunkt, den Murnauer Lokalbahnhof. Ab diesem Termin wurde die Abfahrt und Ankunft der Oberammergauer Züge in den Staatsbahnhof verlegt, vorwiegend ab dem Gleisstutzen 1a. Im Zusammenhang mit der Einfädelung der Ober-

Im Sommer 1960 übernahmen neu abgelieferte E 41 aus München den Verkehr nach Oberammergau. Mit Sonderzügen zum Passionsspiel wird der gesamte Bahnhofsbereich von Oberammergau frequentiert.

Die Lokalbahn-Romantik hielt ab 1962 wieder Einzug, als die E 69 erneut den gesamten Verkehr übernahmen. Bei Jägerhaus wetteifern E 69 05 und ein altes Wasserfaß um den Blickfang.

ammergauer Bahn in den Durchgangsbahnhof renovierte die Bundesbahn dort die Bahnsteige und das Umfeld des Bahnhofes. Die Gleisanlagen des Lokalbahnhofes blieben bis weit in die siebziger Jahre weitgehend erhalten, lediglich die Bahnsteige verfielen, und die Gebäude sind mittlerweile vom ESV Murnau und als Wohnungen genutzt.

Die Passionsspiele 1960 unterschieden sich beim Bahnbetrieb erstmals grundlegend vom bis dahin gekannten Szenario. Keine drei sich mühsam abquälenden Dampfloks an den Zügen, keine Umbeheimatungen ins Bw Murnau. Durch die Möglichkeit, bereits ab München durchgehend mit E 41 bis Oberammergau fahren zu können, beherrschten diese Maschinen das Bild sowohl im Plan- als auch im Sonderzugdienst. Noch immer fuhren zu bestimmten Spieltagen teilweise zwölf Wagen lange Sonderzüge nach Oberammergau. Die absolute Bedeutung der Eisenbahn im Passionsverkehr war dennoch gebrochen, auch wenn an einzelnen Tagen bis zu sechs Sonderzüge nach Oberammergau unterwegs waren. Erstmals wurden weniger Reisende befördert als in der vorhergehenden Spielperiode. Daran hatte aber auch die Bundesbahn selbst ihren Anteil. Zwar verdichtete sie den Fahrplan in gewohnter Art und Weise (diesmal auf 18 Züge), so auch mit vier nach München durchfahrenden Eilzügen, doch der Bahnbus ging ebenfalls mit 18 Fahrten ins Rennen.

Übrigens kam es schon wenige Tage nach Einführung des Wendezugverkehrs zu massiven Protesten seitens der Anwohner und des Marktes Murnau. Die akustische Warnhupe des Wendezugwagens störte die Anlieger gewaltig. Die DB versprach, nach einer Lösung zu suchen, die den Klang der Wagenhupe einer Lokpfeife anpassen sollte. Daraus ist bis heute nichts geworden, und das Thema Ruhestörung durch die Hupe ist auch in den neunziger Jahren wieder auf die Tagesordnung gelangt, als der Abendverkehr eingeführt wurde.

Die beiden die Stellung haltenden E 69 04 und 05, hatten im Passionsverkehr 1960 planmäßig nur einige Güterzugleistungen zu erledigen. Am Abend stand im in der Regel mit E 69 05 gefahrenen Plan noch ein einzelner Personenzug mit

Kurz vor der Umzeichnung steht die alte LAG 5 noch als E 69 05 im Endbahnhof Oberammergau. Mit einer bunten Wagengarnitur wartet sie im August 1967 mit dem Güterzug auf die Rückfahrt nach Murnau.

Stammplatz für E 69 04 und 05 Anfang der sechziger Jahre: Die Freigleise vor dem Murnauer Lokschuppen. Für einige Monate hatte die E 41 die Ammergauer Strecke „fest in ihrer Hand".

der alten LAG-Wagengarnitur nach Oberammergau und die Rückleistung als Leerzug auf dem Programm. In den beiden nachfolgenden Fahrplanperioden aber schien die Bundesbahn ganz auf die heimattreuen Loks verzichten zu wollen, zumal bereits kurz nach den Passionsspielen ein gekürzter Zugverkehr nach Oberammergau angeboten wurde. Ab Winterfahrplan 1961/62 reichte nach weiteren Fahrplankürzungen sogar eine einzige Garnitur mit E 41 aus, übrigens wurden auch die modernen Wendezugwagen mit Ende der Festspiele wieder abgezogen und ältere Wagen eingesetzt. Fahrplanmäßig hatten die E 69 nun gar nichts mehr zu tun, vor allem die E 69 04 kam über Monate hinweg kaum mehr vernünftig zum Einsatz. Es hatte den Anschein, als würde die Oberammergauer Strecke bald ohne die für sie so typischen kleinen Loks auskommen müssen. Doch längst hatten sich die kleinen Loks einen Namen als Stehaufmännchen gemacht, und so wurden sie ab Februar 1962 wieder mit der Hälfte der Zugleistungen, auch im Personenzugdienst gebraucht. Ab Herbst dieses Jahres wurden sogar beide Loks wieder planmäßig benötigt, nachdem mit dem Sommerfahrplan 1962 im Berufsverkehr morgens und abends nun doch wieder mehr Züge anstatt Busse verkehrten. Gleichzeitig kamen nun die modernen Nahverkehrswagen „Silberlinge" zum Einsatz, wodurch von nun ab die erste Wagenklasse entfiel. Die E 41 verschwanden mehr und mehr aus dem Ammertal. Standen die E 69 Monate zuvor noch häufig untätig herum, wurde es nun oftmals schon ganz schön eng, wenn eine der Loks zu den fälligen Fristarbeiten einrücken mußte, oder gar schadhaft war. So reifte langsam aber sicher bei der zuständigen Dienststelle der BD München die Erkenntnis, der sich schon die LAG nach 1910 anschloß: Es gibt keine Ellok-Baureihe, die für den Betrieb zwischen Murnau und Oberammergau besser geeignet wäre, als die E 69. So wurden die modernen E 41 Ende Mai 1962 völlig von der Strecke abgezogen, die E 69 übernahmen in gewohnter Weise alle Leistungen nach Oberammergau, zwei Jahre eher, als dies bislang in der Literatur erwähnt wurde. Allerdings mußten die beiden Loks Schwerstarbeit verrichten, mangels Ersatzlok wurden sie permanent benötigt. Erst ab Mai 1964 stand den beiden, der Strecke auch in den letzten Jahren treu gebliebenen E 69 04 und 05, auch wieder die E 69 03 zur Seite, die am 19. Mai noch 500 Meter lange Reisezüge in Heidelberg rangierte, am Folgetag die weite Reise nach Bayern antrat und bereits am 21. Mai 1964 den ersten Zug auf ihrer neun Jahre lang entbehrten Heimatstrecke zog. Ihre Schwester E 69 02 mußte erst noch einen längeren „Kuraufenthalt" im Ausbesserungswerk Freimann zur fälligen Hauptuntersuchung einlegen, ehe sie erst Ende Oktober 1964 wieder ins Ammertal zurückkehrte.

Die Jahre des Wechsels sind vorbei

Nachdem die Strecke nun wieder so betrieben wurde, wie es wohl sinnvoller nicht gehandhabt werden könnte, blieb endlich über Jahre hinweg „alles beim Alten". Weder die Fahrpläne noch die Betriebsabwicklungen veränderten sich in den nächsten Jahren markant. Einzig neues Gesicht auf der Strecke waren nun hin und wieder Garmischer E 44, die bei besonders schweren Lasten, z.B. vor den Güterzügen, oder bei Ausfall mehrerer E 69 ersatzweise in den Personenzugdienst nach Oberammergau abbeordert wurden. Da diese vierachsigen Maschinen aus den 30er Jahren, übrigens eine der gelungensten E-Lokbaureihen der Reichsbahn, jedoch eine für die Oberammergauer Strecke zu hohe Achslast aufwiesen, erfolgte der Einsatz dieser Loks nur immer im Rahmen unbedingter Notwendigkeit. Das Betriebswerk Garmisch hatte zwar ständig E 44 im Bestand, doch wurde am 6. März 1966 speziell E 44 094 zum Bw Garmisch umbeheimatet, um als E 69-Ersatzlok zu fungieren. Die Lok hatte nämlich eine Spurkranzschmierung, für den Einsatz auf der kurvenreichen Ammertalbahn von großer Wichtigkeit. Nötig wurde der E 44-Beistand, nachdem schon im Januar 1966 massiver E 69-Ersatzbedarf entstand. Nur E 69 02 war einsatzbereit, die anderen drei Loks trafen sich im Ausbesserungswerk Freimann mit Schä-

Leere Züge, volle Straßen – Anfang der siebziger Jahre nicht nur auf der Oberammergauer Strecke Anlaß zur Diskussion. 169 004 rollt am 26. Juli 1974 mit ihrem Zug gerade in den Haltepunkt Murnau Ort, während auf der Straße nach Kohlgrub eine wahre Käfer-Plage unterwegs ist.

den, die bei den beiden roten E 69 03 und 05 einen längeren Kuraufenthalt von mehr als einem halben Jahr erforderten. E 69 04 kam zwar ab Ende Januar 1966 wieder zum Einsatz, mußte aber Anfang April zur fälligen U2-Untersuchung ins AW. Nur zehn Tage später folgte ihr mit einem kapitalen Motor- und Antriebsschaden die E 69 02 für lange Zeit ins AW Freimann, wo nun also ein großes E 69-Treffen mit allen Maschinen stattfand – nur für den Zugbetrieb nach Oberammergau waren keine Einsatzfahrzeuge mehr vorhanden. Also wurde der E 44-Bestand des Bw Garmisch ab Juni 1966 schließlich auch noch durch E 44 087 aufgestockt und der Betrieb nach Oberammergau in diesem Jahr über lange Zeiten durch E 44 abgewickelt. Erst zum Herbst 1966 entspannte sich die Lage bei den E 69 wieder, und die Ammertaler Loks waren wieder vor den meisten Zügen anzutreffen.

Eine weitere Änderung ergab sich ab 1968 – die neuen Computerbezeichnungen für die alten Loks. Wie bei allen Triebfahrzeugen änderte die DB in diesem Jahr die Numerierung ihrer Loks auf eine sechsstellige Zahlenreihe plus Kontrollziffer. Aus der Baureihe E 69 wurde nun die 169, wobei die 1 für „elektrisch" steht und somit bei den alten LAG-Loks größte Berechtigung hatte... Komplett lauteten die Bezeichnungen der Maschinen nun 169 002-3, 169 003-1, 169 004-9 und 169 005-6. Gleichzeitig avancierte 169 002 nach Ausmusterung einer alten Länderbahndampflok zum ältesten Triebfahrzeug der Bundesbahn, in den folgenden Jahren verbunden mit zunehmend „repräsentativen Pflichten" auf vielen Ausstellungen und Festlichkeiten.

Die Passionsspiele 1970 verliefen nach dem schon 1960 erprobten Schema, auch im regulären Personenverkehr übernahmen, diesmal jedoch nur über die viermonatige Spielzeit, die 141 die Dienste der 169. Diese begnügten sich mit dem Güterzug, aber auch einer ganz besonderen Leistung. Dabei kamen die E 69 mit einem

„Schnellzug“, bestehend aus zwei Kurswagen der dänischen Staatsbahn aus Helsingör nach Oberammergau. Für die Spiele war die Strecke neu mit Indusi, einer automatischen Signalüberwachung der Triebfahrzeuge, ausgerüstet worden. Die Festspiele brachten erneut recht viel Trubel auf die Bahn, doch mit dem Ausnahmezustand von früher hatte dies nicht mehr allzuviel zu tun – zu sehr waren auch die Passionsgäste mittlerweile fest in der Hand der Pauschal-Reiseunternehmen mit ihren Busflotten.

Die Bahn in der Krise – auch im Ammertal

So brachten die ersten Jahre der Siebziger-Dekade zunächst wenig neues ins Ammertal. Der E 69-Einsatz stabilisierte sich spätestens nach Rückkehr von 169 003 von einem jahrelangem AW-Freimann-Aufenthalt Anfang 1972 wieder, liefen doch nun alle Maschinen mit frischen Untersuchungen. Die Loks top – die Strecke aber ex und hopp? Im Laufe der siebziger Jahre machte die DB nämlich vermehrt von sich reden, und zwar negativ: Stillegung hieß das geflügelte Wort, das ständig durch alle Gazetten und Nachrichten zwischen Flensburg und Garmisch geisterte. Die Bahn wollte sich, zumindest auf dem Papier, von hunderten ihrer Strecken trennen, darunter tauchte auch die Verbindung Murnau – Oberammergau ständig auf. Wurde es nun ernst mit den schon seit den fünfziger Jahren latent aufkeimenden Stillegungsgerüchten? Ein erster Schritt hierzu schien Mitte der 70er Jahre bereits eingeleitet.

Ab Juni 1975 standen am Sonntag im Ammertal alle Bahnräder still – kein Verkehr mehr ab Samstag 18 Uhr 06 bis zum Montagmorgen. Für eine nicht unerheblich von Ausflüglern gespeiste Bahnlinie ein fataler Schritt. Ab Murnau mußte nun in den Bus umgestiegen werden. Und immer wieder fand sich die Strecke in den „Roten Listen“ der Bahn, vorgesehen für eine Stillegung. Viele dieser Verbindungen, die sich dort wieder fanden, existieren heute nicht mehr, doch andere haben sich bis in die heutige Zeit gut gehalten, teilweise sogar glänzend entwickelt. Stammgast in den Listen waren unter anderem die Verbindungen Penzberg – Kochel, Holzkirchen – Bayrischzell und auch Weilheim – Schongau, heute wichtige Glieder im Bayern-Takt.

Doch trotz aller Befürchtungen, zumindest auf diesem Niveau hielt sich der Bahnverkehr in den restlichen siebziger Jahren, weitere Einschränkungen im Zugangebot der Oberammergauer Bahn gab es nicht. Allen negativen Zukunftsperspektiven zum Trotz, wurde im September 1976 an der Oberammergauer Bahn sogar gefeiert. Die DB nahm den Besuch des Bundesbahn-Steckenpferdes ET 403, auch als „Donald Duck“ bekannt, der im Rahmen einer Sonderzugfahrt aus Bremen nach Oberammergau kam, zum Anlaß, im alten Lokalbahnhof Murnau eine Fahrzeugschau zu veranstalten. Dabei posierten neben dem modernen Triebwagen alle vier noch vorhandenen 169, im Bereich des Lokschuppens waren auch noch 160 009 und die 144 001 ausgestellt.

Als sich im Herbst 1978 erneut Stillegungsgerüchte verdichten, sammelt der Sohn des evangelischen Pfarrers in Oberammergau, Jan Kosmala, unter lebhaftem Interesse der Presse, allen voran die BILD-Zeitung („Pfarrerssohn will alte Eisenbahn retten“) fast 900 Unterschriften zum Erhalt der Bahn. Auch alle Anliegergemeinden erheben scharfen Protest gegen die Einstellungspläne und wenden sich im April 1979, kurz vor dem Anhörungsverfahren, geschlossen an die DB. Im Juli fällt dann die Entscheidung: „Die Bahn nach Oberammergau fährt noch lange – Bestand bis 1990 gesichert“ titelt die örtliche Lokalpresse und ein Aufatmen geht durchs Ammertal. Unmittelbar im Anschluß an diese Entscheidung wird die seit Monaten zurückgestellte Bautätigkeit an der Strecke wieder aufgenommen, unter anderem eine 1,5 Kilometer lange Langsamfahrstelle wegen Gleisschäden im Bereich Jägerhaus – Bad Kohlgrub repariert.

Auf der Strecke hatte sich in den letzten Jahren das Bild im Zugverkehr gewandelt. Die Alleinherrschaft der alten Stammloks war gebrochen worden. In den Jahren 1975 und 1976 erhielten noch alle 169 eine neue Hauptuntersuchung, um

Mitte der siebziger Jahre war die Alleinherrschaft der 169 noch ungebrochen. Am 24. September 1976 treffen in Bad Kohlgrub der N 6614 mit 169 005 und der Schülerzug N 6615 mit 169 004 aufeinander.

für die kommenden sechs Jahre gerüstet zu sein. Doch ein Motorschaden an 169 003 beendete bereits drei Wochen nach deren U2 diese Planungen, ein Weiterbetrieb der Lok konnte nur durch das Bauernopfer erbracht werden, die 169 004 als Ersatzteilspender abzustellen. Daher schied diese Lok am 22. April 1977 aus dem Betrieb aus, von nun an standen nur noch drei 169 zur Verfügung. Bei einem Planbedarf von zwei Loks täglich eine etwas dünne Reserve, zumal die beiden Haupteinsatzloks 169 002 und 003 einmal monatlich zur Frist nach Garmisch mußten. Dennoch, zunächst wurde weiterhin mit zwei 169 der Gesamtverkehr nach Oberammergau abgewickelt. Doch Ende Dezember 1977 fiel dann zunächst 169 005 mit einem Motorschaden für einige Wochen aus. Da in Garmisch mittlerweile aber auch die 144 vermehrt abgestellt wurden, gestaltete sich kurzfristiger E 69-Ersatz zunehmend problematischer. So tauchte am 2. Januar 1978 ein altbekanntes, aber dennoch überraschendes Gesicht im 169-Plan auf – eine 141! Eisenbahnfreunde sahen urplötzlich das Ende der 169 gekommen, doch nach zwei Tagen fuhren wieder 169 002 und 003. Als sich letztere aber dann am 18. Februar 1978, als Oberbayern in Schnee versank (unter anderem erwischte es an diesem Tag auch viele Münchner S-Bahn-420 und die Garmischer 160 001), einen Motorschaden zuzog, wurde Mitte Februar aus Nürnberg 141 371 als Ersatzlok angefordert, die in den kommenden Wochen zusammen mit 169 002 die Züge nach Oberammergau bespannte. Ab Mitte März 78 konnte dann auf diese Lokhilfe verzichtet werden, 169 005 war wieder einsatzfähig. Aber gerade in dieser Zeit stellte die BD München die neuen Umlaufpläne auf – und dabei sollte die Einsatzstelle zukünftig vor solchen Überraschungen bewahrt bleiben. Also durfte sich von nun an eine Münchner 141 einen Plantag von den 169 abluchsen, und nur eine 169 planmäßig eingesetzt werden. Doch kampflos gaben sich die alten 169 nicht geschlagen, im kommenden Jahr, in dem dieser Mischplan

Als im Passionsfahrplan 1980 die 141 den Personenverkehr abwickelten, traf 169 002 in Unterammergau mit dem Güterzug auf ihre Vertretung.

141/169 bestand, fuhren über weite Strecken nur die 169, während die 141 oft für Wochen nicht zum Zuge kam. Die 169 bemühten sich auch, wieder etwas für ihren Ruf zu tun, und verzichteten auf größere Schäden – allerdings ohne Erfolg im Umlaufbüro. Denn zum Sommerfahrplan 1979 wurde der Einsatz der alten Loks deutlich reduziert, vor den meisten Zügen liefen nun 141. Die 144 hatten sich mittlerweile auch von der Strecke verabschiedet, nachdem die Beheimatung dieser Loks in Garmisch am denkwürdigen „Schlachtfest", dem 22. Februar 1979 nahezu über Nacht beendet wurde. Mit diesem Datum verloren im Handstreich viele tradtionelle E 44-Betriebswerke ihre Loks, die in großen Stückzahlen aufs Abstellgleis mußten. Auch für das Bw Garmisch ging damit eine wichtige Epoche zu Ende.

Die alten Stammloks der Baureihe 169 kämpften aber dennoch unermüdlich um ihr Territorium und konnten sich für den Winterfahrplan 1979/80 nochmals mehr Leistungen erkämpfen. Für den Sommer 1980 standen allerdings wieder Passionsspiele auf dem Programm und für viele Eisenbahnfreunde schien mit dem obligatorischen Rückzug der 169 aus dem regulären Zugverkehr während des Passionsfahrplanes auch das Ende dieser Loks gekommen.

Die Passionsspiele hatten bereits Anfang Mai 1980 ihre ersten Schatten vorausgeworfen. Im ansonsten komplett mit Handweichen ausgestatteten Oberammergauer Bahnhof wurde die Weiche an der Verzweigung „Gleis 1/Gleis 2 ff" auf Fernsteuerung umgebaut. Und dies hatte in den ersten Tagen recht amüsante Auswirkungen. Hierzu muß auf ein weiteres Kuriosum der Oberammergauer Strecke eingegangen werden, das absolut einzigartig in Deutschland ist: Bekanntermaßen ist Oberammergau ein Kopfbahnhof. Entsprechend mußten alle ankommenden Züge rückwärts wieder aus dem Bahnhof heraus gedrückt werden und die Loks an die andere Wagenseite umrangiert werden. Da natürlich in Oberammergau keine Rangierlok vorhanden war, wandte man für dieses Rangiermanöver eine ebenso einfache wie untypische Variante an. Der Zug wurde auf Höhe des Schlüsselstellwerks, kurz hinter den Ausfahrtsignalen, zurückgedrückt. Dort kuppelte der Rangierer (bis ca. 1976, später im Einmannbetrieb der Schaffner)

Premiere der alten Oberammergauer Lokomotiven auf einer neuen Einsatzstrecke: Für eine Fahrplanperiode kommt die 169 im Sommer 1981 zwischen Garmisch-Partenkirchen und Griesen zum Einsatz. Hier die 169 002 am 14. September 1981 kurz nach der Ankunft in Griesen.

die Lok ab, die nach Umstellen der besagten Weiche einige Meter Richtung Bahnhof zurück fuhr. Nach Rückstellung dieser Weiche löste nun im stehengebliebenen Wagenzug der Zugführer, später der Fahrdienstleiter, die Handbremse und die beiden Wagen setzten sich im abfallenden Bahnhofsgelände langsam wieder Richtung Prellböcke in Bewegung. Kurz vor diesen legte der Schaffner die Bremse wieder an und brachte die Wagen zum Stehen – manchmal allerdings auch nicht! Inzwischen kam auch schon die Lok zurück zu den Wagen, um anzukuppeln. Dieses System war so eingespielt, daß in der Regel auch die knappe Wendezeit der Züge 6621/22 (Ankunft 18.09/Abfahrt 18.19) ohne Verzögerung eingehalten werden konnte.

Als nun die Weiche ferngesteuert wurde, konnte diese nun nicht mehr vom Rangierpersonal, sondern nur noch vom 200 Meter entfernten Bahnhof aus umgestellt werden. Anfangs klappte dies überhaupt nicht, jede der vier Weichenumstellungen pro Rangiermanöver konnte nur durch wildes Pfeifen des Lokführers ausgelöst werden, ein akustisch recht interessantes Unterfangen. Als das Personal nach mehreren Tagen doch darauf eingespielt war, hatte sich das Ganze allerdings fast schon erübrigt. Denn mit Beginn des Sommerfahrplanes 1980 war der Zugbetrieb auf 141-Wendezüge umgestellt, ein Rangieren entfiel nun. Das Zugangebot, bekanntlich seit 1954 durch viele Bus-Leistungen ergänzt, erfuhr nun eine geradezu sensationelle Aufwertung. Die Bahn strich zwölf Buskurse und ersetzte sie durch neun zusätzliche Züge. Auch die Betriebsruhe am Sonntag war nun wieder Vergangenheit. Außerdem verkehrten im Passionsfahrplan täglich je ein Kurswagen von und nach München und Dortmund. Diese wurden in Murnau vom München-Garmischer Zug abgekuppelt und samt Fahrgästen von der Oberammergauer Garnitur abgeholt. Dabei lief auf der Fahrt nach Oberammergau die Lok in der Mitte. Ansonsten war der Verkehr in dieser Passionssaison verhältnismäßig ruhig. Es ging zwar recht erfolgversprechend los, als am 16. Mai 1980 ein Sonderzug der Amerikanischen Streitkräfte für eine Sondervorstellung nach Oberammergau kam: 16 Schnellzugwagen – ein Zuglängenrekord auf der Oberammergauer Strecke. Der Zug war mit dem letzten Wagen noch im Bahnhof Murnau, als die Zugspitze bereits die erste Haltestelle Murnau Ort passiert hatte. In Oberammergau ragte der Zug abfahrtbereit, bespannt mit je einer 141 an beiden Zugenden, bis wenige Wagenlängen vors Einfahrtsignal, zum Einsteigen mußte der Zug geteilt werden. Ansonsten aber ist von Passion nicht sehr viel zu spüren. Lediglich zu den sogenannten Wiederholungsspielen am Samstag (ohne Übernachtungskopplung) schickt die Bahn in Zusammenarbeit mit dem abr-Reisebüro jeweils zwei Sonderzüge mit meist sieben Silberlingen aus verschiedenen Orten Bayerns nach Oberammergau. Gezogen wurden die Züge von 141 und, dies war eine Premiere, im Falle eines Laufweges über Augsburg – Weilheim von einer 218. Doch häufig kamen die Züge fast leer an – was weder an Desinteresse am Passionsspiel noch an der Zugdurchführung durch die Bahn lag. Der Grund ist wesentlich materieller Art: Als die begehrten Eintrittskarten im Rahmen dieser Zugarrangements ab 1979 angeboten wurden, waren viele Fahrten bereits binnen weniger Stunden von Busunternehmern komplett aufgekauft worden. Diese sicherten sich die Eintrittkarten für ihre Bus-Touren für amerikanische Touristen durch ganz Europa, die Zugfahrkarten ließ man verfallen.

In einigen der Züge waren aber doch einige Fahrgäste, und so hätte ein Zwischenfall am 7. Juni 1980 auch dramatisch enden können. Bei der Durchfahrt des Passionssonderzuges stellte der Fahrdienstleiter in Bad Kohlgrub eine Weiche während der Zugkreuzung zu früh um, nämlich zwischen dem vorletzten und letzten Drehgestell des Schlußwagens, so daß dieser mit einem Drehgestell noch dem Zugverbund aufs Ausweichgleis folgte, das letzte Drehgestell aber gerade ins Durchgangsgleis einfuhr. Quer über den Bahnsteig geschwenkt, prallte der Wagen dann noch leicht gegen 141 017, der Zuglok des Planzuges. Verletzt hatte sich dabei niemand, aber der Schreck war groß. Und das Passionsspiel begann mit fast zweistündiger Verspätung, die knapp 5.000 Zuschauer waren entsprechend erbost. Die Bahnstrecke war einige Stunden blockiert. Ansonsten verlief der weitere Passionsverkehr ruhig und unspektakulär. Insgesamt fuhren im Jahr 1980 44 Sonderzüge mit 316 Wagen nach Oberammergau.

Überraschung herrschte, als die Bundesbahn ihren Fahrplan für den Winter 80/81 präsentierte; die für den Passionsverkehr deutlich erhöhte Zugzahl wurde fast ohne Einschränkung auch für den Alltagsbetrieb beibehalten, die Verlagerung auf den Bus war endgültig beendet, die Schiene hatte wieder Vorrang! Entfallen waren lediglich die Kurswagenleistungen.

Und die zweite freudige Überraschung: Mit Beginn des Winterfahrplanes kehrte die alte Baureihe 169 nicht nur wieder in den Reisezugverkehr ihrer Linie zurück, vielmehr wurde durch das erhöhte Zugangebot nun wieder eine zweite Lok benötigt. Zwar überlappten die beiden Umlaufpläne nur bei den Mittagszügen, aber immerhin bespannten nun wieder zwei Maschinen der alten Stammloks fast zwei Drittel der Zugleistungen im Ammertal!

Daß die alten Loks diesen Anforderungen noch absolut gerecht wurden, bewiesen sie im Verlauf dieses Winterfahrplanes. Im gesamten Zeitraum konnten alle 169-Planzüge auch mit den Loks bespannt werden, an manchen Tagen waren sogar alle drei Maschinen im Einsatz. Einzig im Januar, als innerhalb weniger Tage mehrfach Autofahrer mit den Loks kollidierten, gab es ein paar Tage, an denen 141 im 169-Plandienst aushelfen mußten.

Dennoch, die einzigartige Karriere der 169 neigte sich dem Ende entgegen. Der Grund war allerdings nicht bei den Loks zu suchen, sondern

Doppeltes Glück für die Fotografen: Im Winterfahrplan 1980 / 81 waren überraschend viele Zugleistungen für die 169 aufgestellt worden. Und der Winter machte 'mal wieder seinem Namen alle Ehre. So rollt 169 003 am 9. Dezember 1980 mit dem N 6609 durch eine herrliche Schneelandschaft auf Altenau zu.

Nach Abzug der 169 fiel der Güterzug für einige Zeit der Rangierlok Baureihe 261 zu. Hier die 261 124 im Herbst 1981 bei Scherenau. Einige Jahre später kamen dann Augsburger Dieselloks der Baureihen 211 und 212 für diese Leistung ins Ammertal. Im Bild eine Fuhre mit zwei Güterwagen für Oberammergau und einem Rungenwagen für die Holzindustrie Unterammergau bei Saulgrub.

Aushilfsweise verkehrten immer wieder E 44 des Bw Garmisch auf der Strecke. Mit 144 001 kam im Mai 1977 sogar der Prototyp dieser erfolgreichen Mehrzwecklok zum Einsatz. Eine Aufnahme am Haltepunkt Seeleiten-Berggeist.

im Vorhaben der DB, den Zugverkehr auf der Linie nach Oberammergau zu beschleunigen. Zuständige Stellen planten, ab dem Sommerfahrplan 1981 größere Streckenabschnitte der Bahnlinie mit 60 km/h befahren zu lassen. Damit konnten die 169 erstmals seit ihrer Indienststellung den Anforderungen ihrer Heimatlinie nicht mehr gerecht werden. Der Erhöhung der Geschwindigkeit gingen einige Anpassungsarbeiten sowie eine erweiterte Ausstattung mit Geschwindigkeitstafeln für niedrigere Geschwindigkeiten voraus. Und so endete am 30. Mai 1981 die Geschichte der kleinen Elloks im Reisezugdienst der Bahnstrecke Murnau – Oberammergau. 169 005 brachte noch den Samstagsplan über die Runden, nachdem am Tag zuvor bereits 169 002 zum letzten Mal in den Planleistungen des Tages 1 auf der Strecke im Dienst war. Von nun an wickelten den Betrieb vor den Personenzügen komplett 141-Wendezüge ab: Eine auch aushilfsweise Rückkehr der alten Lokalbahnloks gab es nicht mehr.

Die „neue Zeit" auf der Oberammergauer Bahn war allerdings keinenfalls revolutionär. In der Regel liefen die Züge nun in 39 bis 41 Minuten über die Bahn. Dies war zwar teilweise drei bis vier Minuten schneller als in der vorhergegangenen Fahrplanperiode, doch lagen auch die Fahrzeiten der 169-Züge in den siebziger Jahren bei 38 bis 41 Minuten. Erst in den späten 70er Jahren wurden die Fahrzeiten der Züge um 5 Minuten verlängert, unter anderem auch, um den zahlreicher werdenden Langsamfahrstellen wegen Gleisschäden, sowie dem deutlich reduzierten Tempo am Bahnübergang bei Altenau Rechnung zu tragen. Ebenfalls unwiderruflich zu Ende war nun auch ein durchaus bunter Wageneinsatz, der die Silberling-Monotonie in den siebziger Jahren häufig unterbrochen hatte. Die Stellung der Wagen erfolgte in diesen Jahren durch den Bahnhof Garmisch. Werktäglich fuhr eine Garnitur der Oberammergauer Bahn während der für den Güterzug genutzten Zugpause gegen 9.00 Uhr als N 4657 und mit einer 144 bespannt nach Garmisch. Dort mußte die Garnitur bei Revisonsfälligkeit getauscht werden. Nach Murnau kehrten die Wagen dann mittags als Schlußläufer eines Eilzuges zurück, in Murnau abgehängt und von der inzwischen mit ihrem Güterzug wieder in Murnau eingetroffenen 169 für den 6615 übernommen. Häufig kamen dabei keine zwei Silberlinge zurück. Vor allem Mitte der siebziger Jahre herrschte in Garmisch meist Mangel an Nahverkehrswagen mit Gepäckabteil. Die Oberammergauer Bahn erhielt daher häufig Ersatzwagen zugewiesen. Teilweise kamen dabei sogar Schnellzugwagen aus der Pop-Serie zum Einsatz, häufiger Schnellzugwagen in den neuen beige-türkisen Farben und mit höchstem Komfortstandard. Ganz selten verirrten sich in dieser Zeit auch noch die schweren Vorkriegsschnellzugwagen auf die Bahn, die dann aber den 169 durch das höhere Gewicht durchaus zur Last fielen. Bis in die sechziger Jahre wurden Silberlinge gelegentlich auch durch vierachsige Umbauwagen ersetzt, gegen Ende der siebziger Jahre war es dann fast schon die Regel, daß in der Garnitur neben dem Silberling mit Gepäckabteil ein Mitteleinstiegswagen in beige-türkis lief.

Trotz Geschwindigkeitsanhebung, ganz wollte man auf die Dienste der 169 auch auf ihrer alten Heimatstrecke nicht verzichten. Die Beförderung des werktäglichen Übergabezuges blieb im Sommerfahrplan 1981 noch Aufgabe der alten Loks. Fast über die gesamten vier Monate war es nun wieder mal die 169 005, die hier die Stellung hielt. Nur in den letzten zwei Wochen kam nochmals 169 003 zum Einsatz, der es dann am 25. September 1981 auch zufiel, die wirklich allerletzte Planleistung einer E 69 auf dieser, den Loks so eng verbundenen Strecke zu fahren. Mit dem Übergabezug 67663 kam sie nach 9 Uhr mit einem Güterwagen in den Endbahnhof Oberammergau, rangierte dort kurz und verließ gegen 10 Uhr mangels Fracht ohne Wagen zum letzten Mal den Passionsort. In Murnau angekommen, holte sie noch 169 005, die einen Tag zuvor ausgemustert worden war, im Bw ab und fuhr Lz nach Garmisch.

Dort waren nun alle drei 169 im Bw vereint. 169 002 hatte noch einmal dort „beruflich" zu tun, dann waren alle Maschinen auf einem Nebengleis abgestellt, wurden nicht mehr für den täglichen Betrieb benötigt.

Damit war es in Murnau einsam geworden. Die Rangierlok der Baureihe E 60 war schon im September 1979 abgezogen worden. Wendeloks, die in Murnau manchmal regelrechte Altbau-Ellok-Treffen mit mehreren 144, 169, 194 und der 160 zusammenstellten, machten auch kaum mehr Station. Die Stellwerke waren ebenfalls abgerissen worden, nachdem im Erdgeschoß des alten Lokalbahnhofes ein elektronisches Stellwerk, das erste seiner Art im Bereich der DB, eingerichtet wurde, das vom Fahrdienstleiter im Staatsbahnhof aus überwacht wird. Mit dem Abzug der letzten 169 war nun auch das Areal des ehemaligen Bw Murnau überflüssig geworden. In den letzten 169-Jahren war dort noch ein kleines Häufchen Arbeiter verblieben, um die kleinen Wartungen an den E 69 vorzunehmen. An den Loks stand nach jeweils 1.000 Kilometern (ca. alle fünf Tage) eine Nachschau auf dem Plan, bei der vor allem die Gleit- und Schaltlager gewartet wurden, außerdem erfolgte eine Dachbesichtigung. Nachdem es immer wieder zu Problemen an den Gleitlagern (Wassereintritt) gekommen war, entschloß sich der Maschinendienst schließlich, die Loks nach 500 Kilometern in einer Zugpause ins Bw zu beordern, um die Gleitlager auszublasen.

Die Anfang der siebziger Jahre noch etwa 40 in Murnau beschäftigten Arbeiter führten außerdem kleinere Reparaturen an den Schotterwagen des Eschenloher Hartsteinwerkes aus. Teile des Lokschuppens wurden schon seit vielen Jahren als

Ein neues „Lok-Gesicht" brachte die Passion 1980 auf die Bahn. Im Falle eines Laufwegs über Augsburg – Weilheim blieben die Dieselloks der Baureihe 218 gleich bis Oberammergau am Zug, der Festspielbesucher aus vielen Orten Bayerns zum Passionsspiel brachte.

Busgarage der Bahn- und späteren RVO-Busflotte verwandt. Die Wartung der Busse begann in den fünziger Jahren, um möglichst viele der durch die Aufgabe der E 69-Unterhaltung im Bw Murnau wegfallenden Arbeitsplätze zu erhalten. Davon war aber 1981 auch nichts mehr übrig geblieben. Die Hallen standen nun leer und waren zunehmend dem Verfall preisgegeben. Bald durften in den leerstehenden Räumen Musikgruppen Übungsräume beziehen, wobei es aber mehrfach zu Bränden gekommen war. 1988 wurden die Gleise abgebaut und seit Beginn der 90er Jahre war das Gelände weitgehend verwahrlost, die Halle durch die Brandschäden mittlerweile einsturzgefährdet. Mehr und mehr waren Stimmen laut geworden, diesen „Schandfleck", an dem zunehmend auch die Drogenszene Einzug hielt, endlich zu beseitigen. Im Herbst 1992 wurden dann alle Gebäude abgebrochen. Im Bereich östlich des Lokalbahnhofes (noch immer mit einem Gleis anfahrbar) bis kurz vor den Bw-Bereich legte der Markt Murnau nun einen Recyclinghof an. Das Gelände der ehemaligen Bw-Anlagen ist Brachland, aus dem der Betonboden des Lokschuppens als einziges Überbleibsel der renommierten Murnauer Werkstätte noch aus den Grasflächen ragt.

Die Achtziger – Monotonie und Rückbau statt Lokalbahn-Idyll

Mit Abzug der 169 hielt Monotonie auf der Oberammergauer Bahn Einzug. Plötzlich fehlte das Besondere dieser Bahn, ohne daß zumindest für den Reisenden nun eine modernere Bahn präsent wäre. Schließlich blieb das Wagenmaterial weitgehend gleich. Der Güterzug fuhr nun für einige Fahrplanperioden mit 261, dann folgten kurzzeitig sogar Kemptner 211/212, wenn es überhaupt noch etwas zu fahren gab. Meist fielen die auf Montag, Mittwoch und Freitag zurückgenommenen Übergaben ganz aus. Der Güterverkehr war in den siebziger Jahren noch recht passabel, fast alle Unterwegsbahnhöfe konnten noch täglich Wagenladungen abfertigen. Hauptabnehmer waren dabei ein Gleisanschluß in Altenau, der sogar mit einer Wagendrehscheibe ausgestattet war, die Holzindustrie Unterammergau, sowie der Endbahnhof Oberammergau mit Kesselwagen und Kohle für die örtlichen Brennstoffhändler Sauer und Schorn. Bis etwa 1975 fuhr im Güterzug noch immer ein zweiachsiger Begleitwagen mit. Etwa 1978 mußte die Altenauer Firma schließen, die Wagenladungen hierzu entfielen. Dagegen herrschte starkes Frachtaufkommen mit bis zu zehn Kohlewagen täglich, wenn die Oberammergauer NATO-Kaserne sich für die Heizperiode rüstete. Als die Bundeswehr-Verwaltung Anfang der achziger Jahre hier auf Zentralheizung umstellte, entfiel eine Hauptstütze des Güterverkehrs. Ende der 80er Jahre wurden nur noch Bad Kohlgrub, Unterammergau und Oberammergau als Gütertarifpunkte bedient. Immer häufiger verkehrte über Wochen hinweg gar kein Güterzug mehr, 1993 wurden in Oberammergau gerade mal noch neun (!) Güterwagen abgefertigt! Schließlich stellte die DB daher die Bedienung der Strecke im Güterverkehr am 1. August 1994 völlig ein. Proteste dagegen gab es wenige, nur die Holzindustrie Unterammergau hätte gerne weiterhin verladen. Bis heute blieben die meisten damals noch bestehenden Gütergleise erhalten, lediglich in Oberammergau wurden alle Gleise nördlich des Personengleis 3 abgebaut. Die länger genutzten, südlich der Bahnsteige gelegenen Gütergleise blieben zwar liegen, doch befindet sich die dahin verzweigende Weiche von Gleis 1 in derart schlechtem Bauzustand, daß nicht nur die Gütergleise, sondern seit Jahresende 1995 auch das eigentliche Hauptgleis für den Personenverkehr, Gleis 1, völlig gesperrt sind. Signalgesichert steht nun nur noch Gleis 2 für den Betrieb zur Verfügung, am Wochenende, wenn Abends zwei Garnituren in Oberammergau übernachten, wird gelegentlich Gleis 3 benutzt. Für die Deutsche Bahn AG ergab sich daraus die Konsequenz, zukünftig nur noch die Gleise 2, 3 und 7 (langes Umfahrungsgleis) zu unterhalten. Andererseits existieren dort aber auch Pläne, die Weiche in Gleis 1 zu verschweißen, und somit auch hier

Im September 1976 war Saulgrub noch voll funktionsfähig. Schrankenanlage, zwei Signale und drei Weichen waren zu bedienen. Das beleuchtbare Kästchen „Bremsprobe" signalisierte im Winter bei entsprechenden Witterungsverhältnissen vor der Abfahrt in den steil abfallenden Abschnitt nach Altenau die Notwendigkeit einer Bremskontrolle.

wieder einfahren zu können. Letztendlich werden wohl erst die Vorbereitungen zur Passion 2000 die endgültige Entscheidung über die zukünftige Gleisstrukur am Endbahnhof erzwingen. Derzeit sind von den ehemals großzügigen Gleisanlagen nur noch Fragmente in Betrieb.

Doch das Abspecken auf der Oberammergauer Bahn begann schon früher. Im Sommer 1982 legte die DB die Ausweichgleise in Unterammergau und Saulgrub still, nachdem an den Weichen Reparaturarbeiten nötig geworden waren. Skurril dabei das Geschehen in Saulgrub. Das gesamte Material zur Wartung des längsten Kreuzungsgleises der Strecke war bereits angefahren worden. Über Nacht verschwanden plötzlich die gesamten Baustoffe wieder, der oft realitätsfremde Rationalisierungswahn hatte zugeschlagen. Nun entfernten die Gleisbautrupps das Ausweich- und das Gütergleis entgegen der ursprünglichen Planung, die Gleisanlagen zu reparieren. Der Bahnhof Saulgrub wurde zum Haltepunkt degradiert. In Unterammergau verblieb zwar ein Teil des Kreuzungsgleises und das

702 115 mußte im Mai 1983 nach Föhnstürmen ausrücken, um die Strecke bei Grafenaschau wieder frei zu bekommen. Der DB-Geschäftsbereich Netz würde diesen Aufwand gerne einsparen. Ob die Oberleitung eines Tages doch dem Rechenschieber zum Opfer fallen wird?

Anschlußgleis, jedoch wurde die südliche Weiche ausgebaut. Kreuzungen sind auch hier nicht mehr möglich, betrieblich werden die Gleise nicht mehr genutzt.

Kurze Zeit später spukte auch das Stillegungsgespenst wieder durchs Ammertal. Der Grund lag bei Kilometer 0,7, die Brücke in Murnau Ort über die Hauptbahn. Diese konnte ab Sommer 1982 nur noch mit 10 km/h befahren werden und war in bedenklichem Zustand. Ob die DB die Kosten für einen Neubau ausgeben wollte, war zweifelhaft. Zunächst bauten Gleisarbeiter auf die alte Brückenkonstruktion zwei Behelfsbrücken auf, um den Betrieb kurzfristig fortführen zu können. Am 22. Oktober 1983 konnte dann aber doch ein 600.000 DM teurer Neubau der Hannoveraner Firma Engelbrecht & Eilers eingesetzt werden. Hierzu wurden die Widerlager und der Bahnsteig in Murnau Ort angepaßt. Mit diesem Brückenneubau verstummten dann die Stillegungsgerüchte wieder. Dagegen drohte nun plötzlich dem elektrischen Zugbetrieb Gefahr, und dies ausgerechnet auf der Urzelle des mit Strom betriebenen Eisenbahnetzes. Die Überlegungen entstanden, nachdem seit Mai 1983 in München keine Loks der Baureihe 141 mehr stationiert waren. Die Maschinen mußten nun über eine Entfernung von etwa 300 Kilometern zum Heimatbetriebswerk Nürnberg zugeführt werden, da im Bereich der BD München keine geeignete Lokomotivgattung für den Betrieb nach Oberammergau zur Verfügung stand. Derzeit fahren die beiden im Ammertal eingesetzten Loks jeweils in der Nacht von Mittwoch auf Donnerstag, und Donnerstag auf Freitag mit ihren Garnituren zur Nachschau nach München. Dorthin sendet die heute als Bh Nürnberg bezeichnete Lokeinsatzstelle dann auch eine Austauschlok, wenn die Maschine nach etwa einem Monat Ammertal-Einsatz getauscht wird.

Der Einsatz der schwereren Loks hatte bereits zahlreiche Spuren auf Gleisen und Oberbau hinterlassen. Immer öfter entstanden Langsamfahrstellen wegen Gleisschäden, immer mehr Geld mußte die Bahn in den Unterhalt der Strecke stecken. Ein Weiterbetrieb der Baureihe 169 wäre die DB unterm Strich trotz aufwendiger Ersatzteilhaltung für diese Splittergattung günstiger gekommen, als die Summen, die nun immer wieder in die Bausubstanz der Strecke gesteckt werden mußten.

Daher stellte man bei der Bahn 1983 Überlegungen an, den elektrischen Betrieb aufzugeben, da kein geeignetes Triebfahrzeug mehr zur Verfügung stand. Außerdem stand eine kostspielige Überholung der meisten Masten an. Da aber auch auf dem Dieselsektor kein sinnvolles Einsatzfahrzeug greifbar war (der Dieseltriebwagen 628 hätte auf der steigungsreichen Strecke Probleme bekommen), wurden Pläne zur „Entelektrifizierung“ zu diesem Zeitpunkt fallen gelassen, Mitte der 90er Jahre jedoch nochmals diskutiert, ohne letztlich doch ernsthaft in Erwägung gezogen zu werden.

Nach nur vier Jahren Pause standen außerturnusmäßig für den Sommer 1984 erneut Passionsspiele auf dem Programm. Diese außerturnusmäßige Spielserie wurde zum 350jährigen Jubiläum des Gelübdespiels veranstaltet. Die Bahn spielte dabei erneut eine kleinere Rolle.

Zwar fuhren abermals aus Bayern jeden Samstag Sonderzüge, doch verzeichnete man insgesamt gerade einmal knapp 30 Züge in den fünf Spielmonaten. Früher das Aufkommen von nur einigen Spieltagen... Zum Einsatz kamen dabei neben den mittlerweile auch schon streckentypischen 141 erstmals 111, die wegen ihrer hohen Achslast mit Sondergenehmigung verkehrten, sowie große Dieselloks der Reihe 218. Auch der reguläre Fahrplan erfuhr kaum mehr Veränderungen zum normalen Angebot, Kurswagenverbindungen waren nicht mehr im Programm. Sicherlich darf man jedoch der Bahn hierfür keine große Schuld anlasten, die Vermarktung der Passionsspiele hat sich nun einmal zu fast 100 Prozent auf Busunternehmen verlagert, einem Trend, den man nicht mehr umkehren kann.

Erfreulich dagegen, zwei Gäste, die am 31. August und 1. September 1985 auf die Oberammergauer Bahn kamen: E 69 02 und E 69 03, unsere mittlerweile 76 und 73 Jahre alten Ammergauer E-Loks. Sie feierten ein Comeback auf ihrer alten Einsatzstrecke. In diesem Jahr beging die Deutsche Eisenbahn ihr 150jähriges Jubiläum, und aus diesem Anlaß wurden zahlreiche bedeutende Lokomotiven wieder restauriert und als betriebsfähige Museumsloks aufgearbeitet. Darunter selbstverständlich auch die Baureihe E 69, die mit den beiden unzertrennlichen Schwestern vertreten war. Die Maschinen kamen in diesem Jahr auf vielen Fahrten in fast ganz Deutschland zum Einsatz, und so durfte natürlich auch ein ausgiebiger Besuch auf ihrer alten Stammstrecke nicht fehlen. An beiden Tagen pendelten die beiden Lok-Oldtimer, vier Jahre nach ihrem offiziellen Abschied vom Ammertal, mit historischen Plattformwagen zwischen Murnau und Oberammergau. Die Regelzüge liefen im Kontrast dazu mit 111 und einer IC-Garnitur bespannt. Für das Ammertal waren diese Tage ein

Ab 1978 mußten sich die alten Lokalbahnloks ihre Strecke erneut mit den moderneren 141 teilen. Dem herrlichen Gebirgspanorama des oberen Ammertals bei Scherenau war's einerlei.

Abschied einer Legende: Am 25. September 1981 steht 169 003 ein letztes Mal zur Abfahrt in Oberammergau bereit. Einige Neugierige, auch vom benachbarten Personenzug, geben ihr die Ehre.

Zumindest Eisenbahnfreunde freuten sich, wenn gelegentlich grün lackierte 141 im Einsatz waren. Auch im Frühjahr 1998 wurde man gelegentlich noch fündig, so wie hier bei Grafenaschau.

Über Jahre hinweg beherrschten nun 141 die Strecke. Gelegentlich gab es Abwechslung, beispielsweise wenn eine in S-Bahn-Ausführung lackierte Lok dieser Reihe zum Einsatz kam. Am 30. Dezember 1996 ist 141 436 bei Seeleiten-Berggeist ein bunter Kontrast zur Winterlandschaft und zum Alltagsbetrieb.

Der Zugverkehr der neunziger Jahre. Eine 141 mit zwei grün-weißen Regiowagen. Die Eisenbahn hat sich gewandelt, die Landschaft ist altbewährt. Über den moorigen Wiesen bei Altenau beherrschen die Berge der Ammergauer Alpen die Szene.

großes Eisenbahnfest, das in seiner Ausstrahlung nicht mehr erreicht wurde. Auch in den folgenden Jahren kamen die alten E 69 gelegentlich zu einem Besuch auf ihre alte Strecke, doch konsequent ausgenutzt wurde das Potential eines lebendigen technik-geschichtlichen Denkmals nicht. Vielmehr standen zu hohe Preise einer Sonderfahrt mit den DB-Museumsloks ebenso im Wege (z.B. Garmisch – Oberammergau u. z. 6.200 DM), wie der Zustand der Bahn ins Ammertal. Denn schon 1987 wurde weiter rationalisiert, und damit ein empfindlicher Eingriff in die Infrastruktur der Strecke vorgenommen. Nun entfiel auch noch das Kreuzungsgleis in Grafenaschau, ebenso das Gütergleis. Damit verlor die Strecke ihren wichtigsten Kreuzungspunkt für Sonderfahrten, sowie die betriebliche Alternative zu Bad Kohlgrub, wo sich alle fahrplanmäßigen Züge kreuzen. Früher konnte im Verspätungsfalle auf einen anderen Bahnhof ausgewichen werden, wodurch sich die Verspätung nicht auf beide Züge übertrug. Zwar war die Anzahl der Sonderzüge in den letzten Jahren entsprechend dem allgemeinen Trend stark zurückgegangen, durch den Abbau in Grafenaschau aber nahm die Lage abstrakte Züge an. Selbst die hoch geschätzten Fahrten des Gläsernen Zuges konnten nicht mehr vernünftig über die Strecke geführt werden. So wurden Rundfahrten mit dem Aussichtstriebwagen nun nach Oberau auf der Garmischer Hauptbahn geführt, die Fahrgäste mußten in den Bus umsteigen, um ins Ammertal und Schloß Linderhof zu gelangen. Normale Sonderzüge, früher auch in passionslosen Jahren fester Bestandteil des Zugverkehrs, waren in den späten 80er und Anfang der neunziger Jahre kaum mehr zu verzeichnen. Nachdem ab etwa Mitte 1995 auch der letzte verbliebene Ausweichbahnhof Altenau nicht mehr für Zugkreuzungen genutzt werden durfte, fuhr am 14. September 1995 der letzte Sonderzug ins Ammertal. Eine 218 brachte eine Sonderzuggarnitur nach Oberammergau und holte dort Fahrgäste einer Pauschalreise ab. Um 18.45 Uhr wurde das Ausweichgleis letztmalig von einem Reisezug befahren. Anschließend war die einstmals bedeutende Epoche des Sonderzugverkehrs praktisch beendet. Um nicht mehr „rückfällig“ zu werden, sperrte die Bahn schließlich am 11. September 1997 das Ausweichgleis Altenau wegen unsicherer Gleislage und hatte die Bahnstrecke damit endgültig amputiert. Somit ist nach gegenwärtiger Streckeninfrastruktur selbst für das Passionsspieljahr 2000 kein Sonderzugverkehr mehr möglich. Als Alternative werden daher derzeit zwei Denkmodelle diskutiert. Zum einen die „traditionelle“ Lösung, nämlich die Sonderzüge nicht mehr über die Oberammergauer Strecke zu führen, sondern auf der Garmischer Linie bis Oberau. Dort soll dann den Fahrgästen der Umstieg auf einen Buskonvoi über die Paßstraße Ettaler Berg zugemutet werden. Aber Passion bedeutet schließlich auch „Leidensgeschichte“…
Die andere, derzeit wohl favorisierte Alternative: An den in der Regel am Samstag stattfindenden Wiederholungsspielen, zu denen Sonderzüge eingesetzt werden, wird ganz einfach der normale Reisezugverkehr teilweise eingestellt, um die Trassen für die Sonderzüge frei zu bekommen. Hierbei müßte jedoch der Besteller des Personenverkehrs, die Bayerische Eisenbahngesellschaft, zustimmen.
Im Gegensatz zu dieser, durch falsche Sparpolitik initiierten Fehlentwicklung, gab es in den neunziger Jahren vom regulären Personenverkehr durchaus Positives zu vermelden. Zunächst war zwar das 1980 ausgeweitete Angebot in den Abendstunden teilweise wieder auf die Straße verlagert worden, doch mit Installierung des landesweiten Bayern-Taktes im Mai 1994 wurde ein Zugangebot auf der Oberammergauer Bahn geschaffen, wie es in der 94jährigen Betriebsgeschichte noch nicht annähernd erreicht wurde. Zwischen 6 und 24 Uhr gab es praktisch stündlich in jede Richtung einen Zug, lediglich um 22 Uhr ab Murnau, und ab 23 Uhr ab Oberammergau verblieb eine kleine Lücke im Fahrplan. Auch die seit einigen Fahrplanperioden nicht mehr von allen Zügen angefahrenen Haltepunkte Seeleiten-Berggeist und Jägerhaus erhielten nun wieder stündlichen Anschluß. Der große Mut der mittlerweile vom Bayerischen Staat getragenen Bayerischen Eisenbahngesellschaft als Besteller der Nahverkehrsleistungen zahlte sich

aus: Bereits nach sechs Monaten hatten sich die Reisendenzahlen um 19 Prozent erhöht, täglich stiegen 280 Reisende mehr ein, womit die Zahl der täglich beförderten Fahrgäste auf 1480 anstieg. Um dem verbesserten Angebot auch optisch Geltung zu verschaffen, setzte die Bahn seit 1995 verstärkt die neuen Regionalbahnwagen in der Farbgebung weiß-grün mit moderner Fahrgastraum-Gestaltung ein, womit die seit immerhin 33 Jahren hier eingesetzten Silberlinge rasch aus dem Verkehr ins Ammertal verschwanden.

Während sich das Zugangebot auf der Strecke seit Mitte der neunziger Jahre deutlich positiv verbesserte, bereitet der Zustand der Strecke mehr und mehr Probleme. Durch die höhere Achslastbeanspruchung und die erhöhte Zugzahl verschlechterte sich der Oberbau zusehends. Die Folge waren ständige Sanierungsmaßnahmen im gesamten Streckenverlauf. Daher war die Bahn in den letzten Jahren immer wieder für einige Wochen gesperrt. Hinzu kamen in den Sommermonaten Hitzeverwerfungen, da sich das überbeanspruchte Gleis wegen der durchgehenden Verschweißung bei längeren Wärmephasen teilweise in einen Schlingerkurs verwandelte. Die Folge waren lange Langsamfahrstellen mit resultierender Verspätung, teilweise auch die Sperrung der Strecke, sowie erneut ein hoher Aufwand an Reparatur-Investitionen. Daher hat sich die Deutsche Bahn AG im Frühjahr 1998 zu einer grundlegenden Sanierung der Bahnstrecke und des Oberbaus entschieden. Mit einem Aufwand von bis zu 20 Millionen Mark soll bis zum Jahr 2001 praktisch der gesamte Oberbau erneuert werden. Gleichzeitig soll die Verbindung durch das Auflassen nicht mehr benötigter Bahnübergänge beschleunigt werden. Hierbei erhofft man sich vor allem durch den Einsatz neuer Triebfahrzeuge einen höheren Spielraum. Denn im Jahr 2000 wird sich der Kreis des elektrischen Zugbetriebes wieder schließen. Waren es zu Beginn des elektrischen Betriebes Triebwagen, mit denen nach Oberammergau gefahren wurde, dominierten fast 90 Jahre Lokomotiven mit Wagenzügen. So sinnvoll dies mit den E 69 noch gewesen war, seit deren Abzug ist das Fehlen eines geeigneten und rationell zu betreibenden elektrischen Triebwagens im Fuhrpark der Deutschen Bahn offensichtlich. Während auf Dieselstrecken mit dem Regionaltriebwagen 628 seit einigen Jahren eine einigermaßen kostengünstige Lösung gefunden wurde, fehlt ein derartiges Fahrzeug für den wirtschaftlichen und umweltfreundlichen elektrischen Betrieb auf Nebenstrecken. Dies wird sich aber am Ende unseres Jahrhunderts nun wieder ändern. Die Deutsche Bahn AG gab Ende 1994 eine große Serie neuer elektrischer Triebwagen in Auftrag. In verschiedenen Ausführungen werden Nachfolge-Fahrzeuge für die aus München bekannten S-Bahntriebwagen (neue Baureihen 423 und 424), vierteilige Triebzüge für städtenahen Regionalverkehr (Baureihe 425), sowie zweiteilige Triebzüge für den Verkehr in der Region (Baureihe 426) ab 1998 geliefert. Die kleinen, 88 Sitzplätze der 2. und 12 der 1. Klasse umfassenden Einheiten, sollten ursprünglich ab 1998 auf der Oberammergauer Strecke zum Einsatz kommen.

Neubautriebwagen ET 426

Gewicht:	60,9 Tonnen
Länge:	36,49 Meter
Antriebsleistung:	1174 kW
Anfahrtbeschleunigung:	0,88 m/s^2
Sonstiges:	Niederflureinstieg, geschlossenes Toilettensystem, freie Sicht durch das ganze Fahrzeug

Wegen verschiedener Probleme, mittlerweile bei der Fahrzeugbeschaffung gewohntes Phänomen, verzögert sich die Auslieferung der ersten Fahrzeuge ins Jahr 1999. Doch die DB AG hat zugesichert, die ersten nach Bayern stationierten Triebwagen der Baureihe 426 auf der Oberammergauer Bahn zum Einsatz zu bringen. Ganz zum Schluß dieses Jahrhunderts, und fast genau 100 Jahre nach der Betriebseröffnung, kommt damit wieder eine technische Neuheit zum Einsatz auf der Bahn nach Oberammergau. Ob diesen aber ein ebenso großer Erfolg und langjähriger, zufriedenstellender Einsatz beschieden sein wird, wie es damals bei den späteren E 69 der Fall war, darf angezweifelt werden. Dennoch ist es für den Bahnbetrieb im Ammertal von größ-

Gegen Ende der achtziger Jahre machen die Murnauer Bw-Anlagen schon einen verwahrlosten Eindruck. Doch noch liegen die Gleise, wo jahrzehntelang die E 69 auf ihren nächsten Einsatz harrten. Im September 1992 waren dann Lokschuppen und Liebhaber am Boden zerstört. Der Bagger hatte aus viel Tradition nun einen wüsten Haufen gemacht.

ter Bedeutung, daß ab dem Jahr 2000 eine modernes und dem Komfortanspruch des heutigen Fahrgastes entsprechendes Fahrzeug zum Einsatz gelangt. Sicherlich wird dadurch das Interesse an der Bahn und die Zahl der Reisenden einen wertvollen Schub erhalten.

Die Weichen für eine erfolgreiche Zukunft der Oberammergauer Bahn scheinen also gestellt. Wenn Überlegungen, zur flexibleren Fahrplangestaltung wieder einen der alten Kreuzungsbahnhöfe zu reaktivieren, wenn die wegen der manuell bedienten Schranken noch täglich 18 Stunden kostenintensiv mit Personal besetzten Bahnhöfe in Unterammergau und Saulgrub automatisiert werden, wenn die neuen Triebwagen und die Auflassung unbenötigter Bahnübergänge die Reisezeit auf etwa 30 Minuten reduzieren – dann muß niemanden vor der Zukunft der reizenden Bahn ins Ammertal bange werden. Aber so ganz sicher ist bei der Bahn AG inzwischen nichts mehr. So kam im Frühsommer 1998 nun zum dritten Mal der Abbau der Oberleitung ins Gespräch, um die Unterhaltskosten für die elektrischen Anlagen einzusparen. Schon mehrfach sind diese Diskussionen wieder im Sande verlaufen. Die Zukunft wird zeigen, wohin der Weg wirklich führen wird. Aus historischen Gründen wäre ein Erhalt der Oberleitung in jedem Fall wünschenswert. Würde es gelingen, historisches Umfeld und historische Substanz der Bahn zu erhalten, bleibt die Strecke ein lebendiges Beispiel für die Entwicklung des elektrischen Bahnverkehrs im 20. Jahrhundert.

Die voraussichtliche Zukunft für die Ammergauer Bahn, die neue Triebwagen-Familie, aus der auch der für 2000 erwartete 426 stammen wird.

2. Streckenbeschreibung

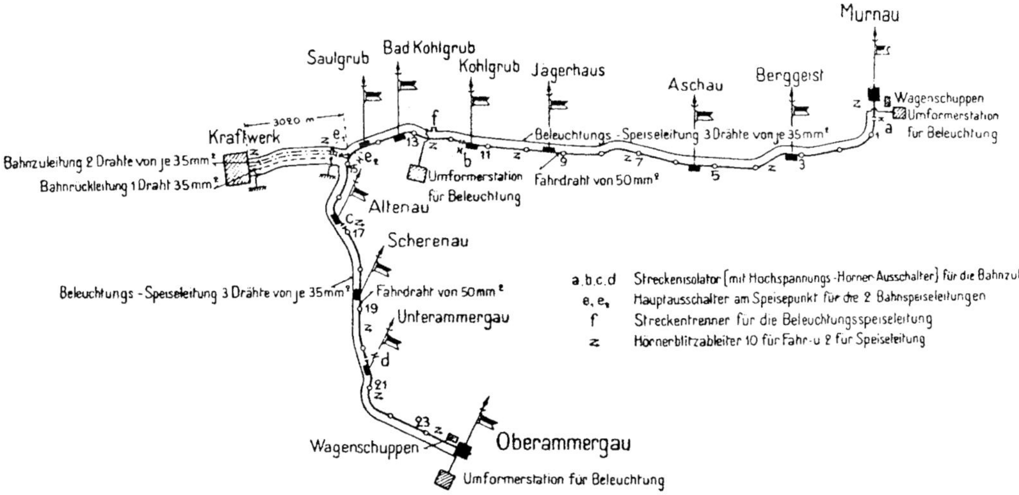

Die Strecke Murnau – Oberammergau mit den Anlagen der Bahnenergieversorgung 1905

Das Problem der Beschreibung einer fast 100-jährigen Eisenbahn ist der ständige Wandel. Nachfolgende Charakteristik gibt daher einen Überblick über den Streckenzustand während der LAG-Zeit, die Änderungen bis hin zum heutigen Zustand ergeben sich im fortlaufenden Text.

Ausgangsort der Bahnlinie ist das auf 691 Meter Höhe gelegene Murnau, an der Bahnverbindung München – Weilheim – Garmisch-Partenkirchen gelegen. Gegenüber des Staatsbahnhofes befanden sich die Anlagen der Oberammergauer Bahn. Der Lokalbahnhof besaß ein dreistöckiges Empfangsgebäude an der Kopfseite der Gleise, parallel zu den drei Bahnhofsgleisen (davon ein Gütergleis) stehen zwei längere Flachbauten (u.a. mit Warteräumen) auf der linken und einer Güterhalle auf der rechten Seite. Kurz nach dem Bahnhofsbereich verzweigen die Gleisanlagen in Güter- und Wagenabstellgleise, ein Übergabegleis zur Staatsbahn, das Streckengleis und die Zufahrt zum Bahnbetriebswerk. Auf dessen Höhe, nach nur 400 Metern, befindet sich der Haltepunkt Murnau Ort, nahe am Ortszentrum gelegen. Unmittelbar im Anschluß daran wird die Eisenbahnstrecke nach Garmisch und die Autostraße nach Kohlgrub auf einer Eisenträgerbrücke überquert. Leicht ansteigend führt die Bahn in einer Rechtskurve in den Villenortsteil Ramsachleiten mit seinem Haltepunkt bei Kilometer 1,5.

Steil abfallend geht es kurvig durch offene Wiesen auf den Haltepunkt Seeleiten-Berggeist (km 3,1) zu. Kurz danach erreicht die Bahn den

Streckenprofil Murnau – Oberammergau

km	*Haltestelle*	*Höhe*	*Funktion*
0,0	Murnau Lbf	691 m	Bahnhof
0,4	Murnau Ort	687 m	Haltepunkt
1,5	Ramsachleiten	702 m	Haltepunkt
3,1	Seeleiten-Bergg.	671 m	Haltepunkt
5,4	Grafenaschau	672 m	Bahnhof
9,4	Jägerhaus	753 m	Haltepunkt
11,7	Bad Kohlgrub	823 m	Bahnhof
13,2	Bad Kohlgrub Kurhaus	851 m	Haltepunkt
14,2	Saulgrub	853 m	Bahnhof
16,4	Altenau	838 m	Bahnhof
19,0	Scherenau	834 m	Haltepunkt
20,4	Unterammergau	830 m	Bahnhof
23,8	Oberammergau	834 m	Bahnhof

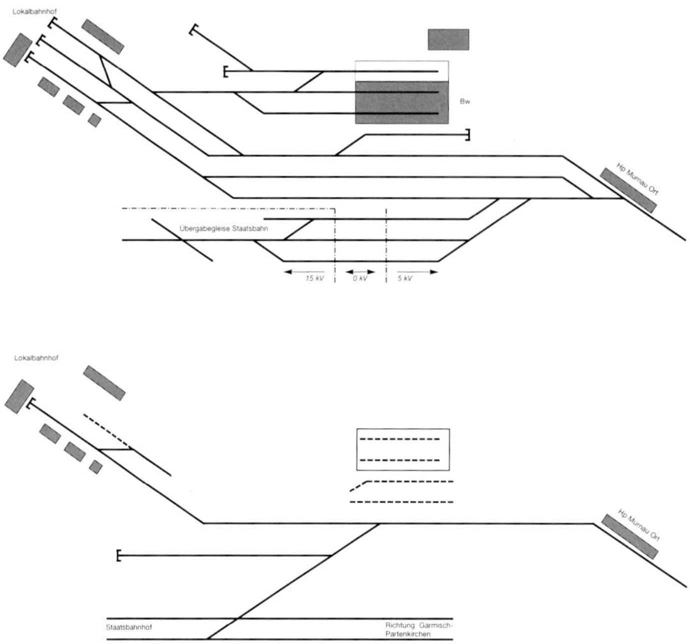

Der Murnauer Lokalbahnhof in den 50er Jahren (oben) und im Zustand von 1998

tiefsten Punkt der Strecke und gleichzeitig eröffnet sich rechts ein phantastischer Ausblick auf das Naturschutzgebiet Murnauer Moos, das Estergebirge und Teile des Wetterstein-Massivs. Nach 5,4 Kilometern Fahrt wird mit Grafenaschau der erste Bahnhof erreicht. Hier waren neben einem Kreuzungsgleis links und rechts der Strecke lange Ladegleise für den früher starken Güterumschlag, vorwiegend Holz, aber auch Bergwerksabbau, vorhanden. Der Bahnhof liegt als einziger der Bahn weitab von seinem namensgebenden Ort, knapp 2 km sind es zur Ortschaft, allerdings siedeln sich in Bahnhofnähe im Laufe der Zeit zunehmend Häuser an.

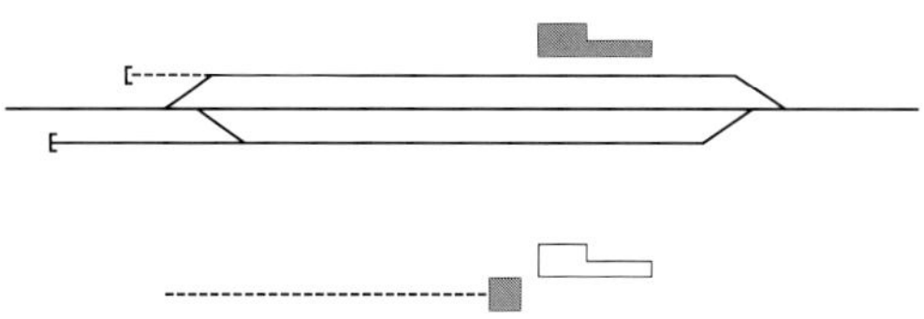

Grafenaschau in den 50er Jahren (oben) und im Zustand von 1998

Direkt aus dem Bahnhof heraus beginnt die lange Steigungsstrecke mit drei Promille hinauf nach Jägerhaus, einem Haltepunkt, bis zum Bahnhof Bad Kohlgrub (Ort), bei Kilometer 11,7 und damit genau in der Mitte der Bahn, ausgestattet mit einem Kreuzungs- und einem Gütergleis. Mittlerweile hat die Bahn bereits wieder über 800 Meter Seehöhe erreicht.

Bad Kohlgrub in den 50er Jahren (oben) und im Zustand von 1998

Unmittelbar an der Bahnhofsausfahrt beginnt ein steiler und kurviger, hoch aufgeschütteter Bahndamm durch den Kurort, von dem aus sich links

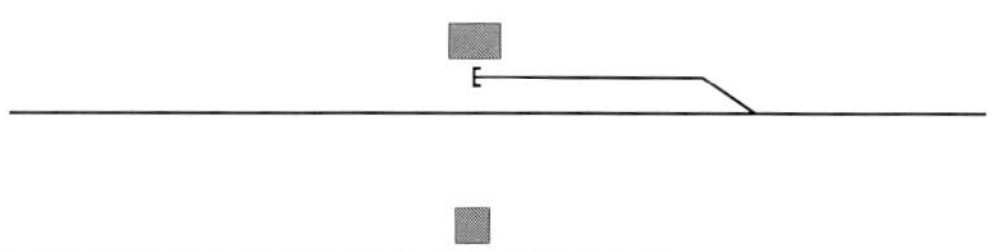

Bad Kohlgrub Kurhaus (früher Bad Kohlgrub Bad) in den 50er Jahren (oben) und im Zustand von 1998

ein weiter Blick bis zum Starnberger- und Ammersee eröffnen kann. Plötzlich führt die Bahn aber durch einen engen Einschnitt und erreicht nach 1500 Metern am Ortsende den Haltepunkt Bad Kohlgrub Bad, später Kurhaus. Mit einer weiten S-Kurve durch grüne Wiesen am Fuße des Hörnle wird nun das Obere Ammertal erreicht. Bei Kilometer 14,2 hält der Zug in Saulgrub mit dem längsten Kreuzungsgleis der Bahn und einem Gütergleis. Bemerkenswert hier das Empfangsgebäude mit seinem geschwungenen Dachaufbau, das in ähnlicher Weise auch an der Isarthalbahn in Hohenschäftlarn gebaut wurde. Diese Bauform entstand in den 20er Jahren, zunächst war ein bahntypischer Querbau vorhanden.

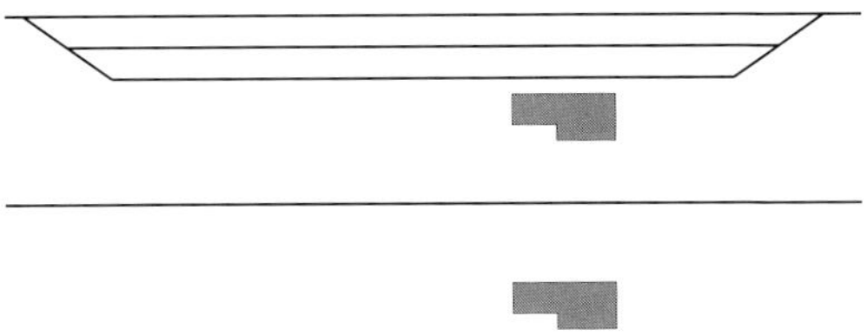

Saulgrub in den 50er Jahren (oben) und im Zustand von 1998

Nach dem Bahnhof steigt die Bahn ein letztes Mal in der seit Murnau eingeschlagenen westlichen Richtung an, ehe sie dann nach Süden abschwenkt, den höchsten Punkt mit 875 Meter erreicht und sich kurvenreich ins Ammertal herabwindet.
Altenau (16,4 km) besitzt ein Kreuzungs- und ein Gütergleis, zeitweise sogar eine Wagendrehscheibe zu einem Firmenanschluß und liegt mit 838 Metern nun fast auf gleicher Höhe wie der

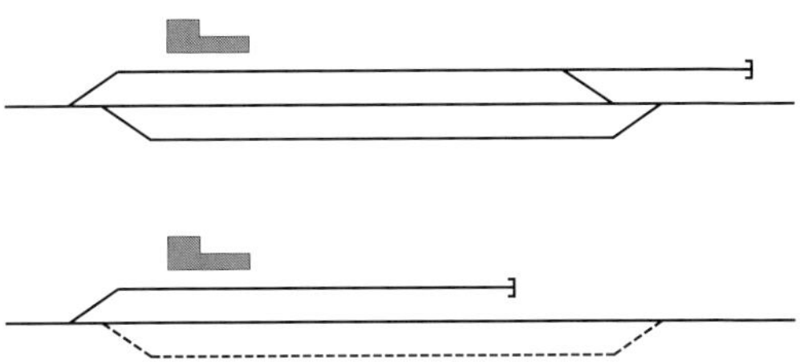

Der Bahnhof Altenau in den 50er Jahren (oben) und im Zustand von 1998

weitere Streckenverlauf. Unterhalb des umrundeten Hörnlemassivs strebt die Bahn nun durch moorige Wiese führend auf Scherenau zu, am Fuße der Kappl, der ältesten Kirche im Umkreis (11. Jahrhundert). Schnurgerade verläuft die Bahn die nächsten 1.500 Meter bis Unterammergau, ausgestattet mit drei Gleisen und einem bis in die heutige Zeit original erhaltenen und daher denkmalgeschützten Emfangsgebäude.

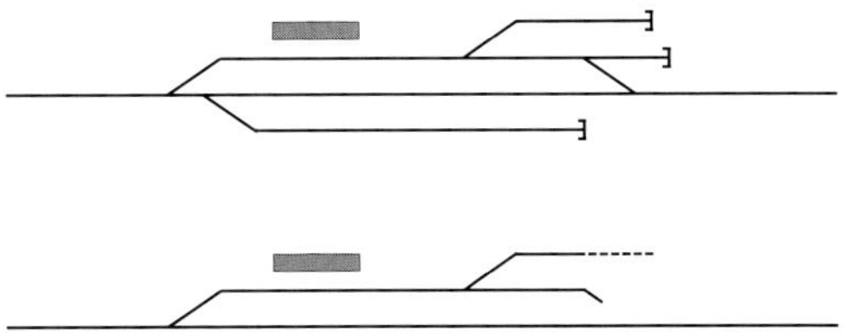

Unterammergau in den 50er Jahren (oben) und im Zustand von 1998

Nun schwenkt die Bahn zunächst nach Südwesten, überquert die Ammer und gibt den Blick frei auf die beeindruckende Kulisse von Oberammergau, eingerahmt vom Labermassiv und dem markanten Kofel, einer ortsbeherrschenden Felsnadel. Mit scharfer Drehung nach links führt die Bahn auf den Endpunkt zu. Kurz vor dem Einfahrtsignal steigt die Strecke nochmals an und fällt dann in den auf voller Länge in einer schiefen Ebene liegenden Bahnhof Oberammergau ab.
Dieser hat sehr umfangreiche Gleisanlagen: Drei Bahnsteiggleise, ein langes und mehrere kürzere Gütergleise, zwei weitgespannte Umfahrungsgleise und drei Abstellgleise sowie bis in die dreißiger Jahre einen Lokschuppen auf der linken Bahnhofsseite. Quer zu den Gleisanlagen erhebt sich das bekannte Empfangsgebäude mit einem vierstöckigen Rechteckblock und einer langgestrecken Wartehalle.
Im Juli 1998 begannen Diskussionen zwischen der Gemeinde Oberammergau, der Bahn AG und dem Landesamt für Denkmalspflege mit dem Ziel, das seit nunmehr einhundert Jahren ortsprägende Gebäude in die Liste der geschützten Denkmale aufzunehmen. Es bleibt zu hoffen, daß diese Gespräche zum Erfolg und somit zur

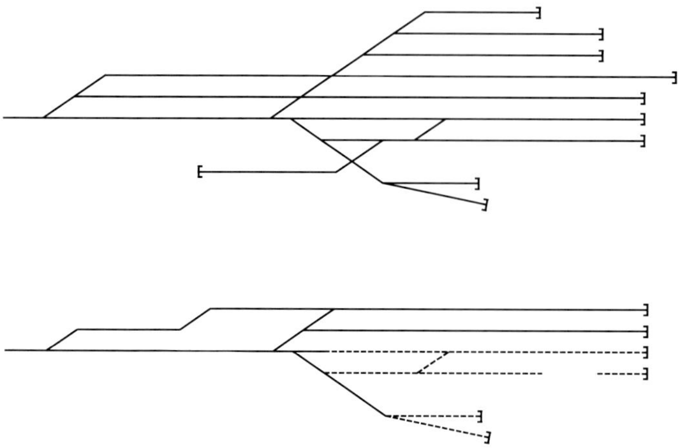

Der Endbahnhof Oberammergau in den 50er Jahren (oben) und im Zustand von 1998

Sicherung des mehrfach vom Abriß bedrohten Gebäudes führen werden. Der Endpunkt der Bahn liegt auf 834 Metern Höhe und nach 23,7 Streckenkilometern.

Der Oberbau der Bahn lag auf einem einfachen Gleisbett, wurde mit Vignolschienen von 22 kg/m ausgeführt und auf Föhrenholz-Schwellen gelagert. Noch heute liegen auf der Bahn überwiegend Gleise aus der Jahrhundertwende. Die Fahrtgeschwindigkeit betrug zunächst 40 km/h. Der Höhenunterschied zwischen Anfangs- und Endpunkt beträgt 142 Meter, effektiv wird aber ein Höhenunterschied von 184 m überwunden.

3. Die Familie E 69 – Lokomotiven fürs Ammertal

Als nur wenige Monate nach Eröffnung des elektrischen Betriebes eine kleine, braunrote Elektrolok in Murnau erschien, vielbestaunt von der fachkundigen und interessierten Öffentlichkeit, ahnte wohl keiner der Anwesenden, daß damit eine einzigartige Erfolgsgeschichte ihren Anfang nehmen würde.
Fast 90 Jahre später sollte noch immer eine Lok dieser Familie über die Gleise des Ammertals mit eigener Kraft und unverwechselbarem Motorgebrummel rollen. Und erst im Jahr 2000 wird dort ein Fahrzeug erwartet, mit dem eine neue Ära in der Beförderung der Reisenden eingeläutet wird. In der Zeit dazwischen, war die Lokfamilie E 69 (als solche wollen wir die fünf Loks in der Regel bezeichnen) trotz aller Versuche noch nicht sinnvoll zu ersetzen, auch wenn dies schon in den 50er Jahren erstmals versucht und 1981 endgültig umgesetzt wurde.

Doch alles der Reihe nach. Zurück ins Jahr 1905, an den Anfang einer unerreichten Lokomotivgeschichte:

1905: Die erste Lok kommt

Nachdem die LAG ihre Strecke Murnau – Oberammergau nach der Übernahme ab Anfang 1905 mit den elektrischen Triebwagen betrieb, wollte sie bald auch den restlichen Verkehr ohne Dampfloks abwickeln. Hierzu entstanden Überlegungen, für die Bahn eine elektrische Lok anzuschaffen. Doch bereits von Anfang an plante die LAG dabei nicht nur für den Güterverkehr. Vielmehr errechnete sie, daß ein Zugbetrieb mit Lok und Wagen im Personenverkehr durchaus Vorteile gegenüber dem bis dato obligatorischen Triebwagen-Betrieb haben kann. Ausgelöst waren diese Überlegungen auch dadurch, daß-

Unmittelbar nach ihrer Inbetriebsetzung zeigt sich im Frühjahr 1906 die neue E-Lok LAG 1 in Murnau. Schon kurz nach der Aufnahme wurden das mittlere Licht und der bis an den Rahmen gezogene Schneepflug wieder entfernt.

die elektrischen Triebwagen für die Oberammergauer Strecke durch die Einphasen-Wechselstrom-Austrüstung komplexer und schwerer waren, als bei den bisher eingesetzten Gleichstrom-Wagen auf anderen LAG-Strecken. Diese schwerere Wechselstrom-Austrüstung sei vielleicht in einer elektrischen Lok besser aufgehoben, kann durch das größere Gewicht ein hohes Reibungsgewicht und somit eine gute Leistungsausnutzung des Triebfahrzeuges erreicht werden. Eine Erhöhung des Zuggewichtes würde durch den Lokeinsatz nicht entstehen, wenn die Lok mit etwa 20 Tonnen und für die Wagen zehn Tonnen veranschlagt würden. Bei gleichbleibenden Massengewichten würde aber gegenüber dem Triebwagen eine wartungsfreundlichere und somit kostengünstigere Anordnung der elektrischen Einrichtungen in einer Lok zu Buche schlagen. Weitere Vorteile des Lokbetriebes: Handlicher Rangierbetrieb, universellere Einsatzmöglichkeit und hohe Leistungseffizienz. Der Vorteil des Triebwagen-Einsatzes, nämlich das Entfallen der Rangierarbeiten am Endbahnhof, waren im Betrieb auf der Oberammergauer Bahn nicht zum Tragen gekommen, weil bei fast allen Zugleistungen noch ein Beiwagen oder Güterwagen mitgeführt wurde.

Geleitet von diesen Überlegungen schritt man bei der LAG bereits nach gut vier Monaten Triebwageneinsatzes zur Tat: Eine erste Anfrage zum Bau einer elektrischen Lok erfolgte am 22. April 1905 bei Siemens. Der endgültige Auftrag wurde den Siemens-Schuckert-Werken, Berlin, schließlich am 3. Juli erteilt. Siemens seinerseits vergab die Fertigung des mechanischen Teils am 1. August an einen Exoten unter den Lokbauern – die Katharinahütte in Rohrbach/Pfalz. Diese Firma hatte bislang nur einzelne Loks für Industriebahnen konstruiert, ansonsten fertigte das Unternehmen dort überwiegend Förderanlagen für den Bergbau. Die Nachfolgefirma der Katarina-Hütte ist noch heute am alten Standort tätig, gehört mittlerweile zum Thyssen-Konzern und firmiert unter P.W.A. – Anlagenbau.

Der Fahrzeugaufbau der Lok war relativ schlicht gehalten. Auf einem Rahmen mit zwei Achsen war ein aus einem Profilstahlrahmen gefertigter

LAG I

Achsanordnung:	Bo
Länge:	7500 mm
Gewicht	20 Tonnen
Nennleistung:	145 kW
Geschwindigkeit:	45 km/h
Trafo:	SSW OS
Trafoleistung:	200 kVA
Steuerung:	Schütz
Fahrstufen	6
Fabriknummern	Katarinahütte 29/05 SSW EL 1/05
Anschaffungspreis:	46.154 Reichsmark

Weitere Daten im Anhang!

Lokkasten gesetzt, der durch Quer- und Längsverstrebungen versteift war. Dieser Fahrzeugkasten bestand aus einem zwei Meter langen Mittelführerstand und sich jeweils daran anschließenden, halbhohen Vorbauten, zum Puffer hin abgeschrägt und am Ende abgerundet. Dieser Aufbau war als Ganzes abnehmbar. Die Achsen der 7,5 Meter langen Lok wurden als Lenkachsen ausgeführt, womit man sich auf der kurvenreichen Einsatzstrecke die besten Laufeigenschaften versprach. Dieser keineswegs bahnbrechende Fahrzeugteil wurde nun im Oktober 1905 unter der Fabriknummer 29 an Siemens geliefert.

Mit dem Einbau der elektrischen Ausrüstung bei Siemens wurde die Lok nun jedoch zu einer technischen Pionierleistung. Es entstand die erste normalspurige Lokomotive für Einphasen-Wechselstrom, und somit die Urahnin aller später in Deutschland gefertigten Lokentwicklungen. Neben dem neuartigen Stromsystem der Maschine war vor allem der Einsatz von Tatzlagermotoren bemerkenswert, ein erster Vorläufer des Bahnmotors, der bis in die 70er Jahre zum Standard deutscher Lokomotiven gehörte. Dieser Einzelachs-Antrieb setzte sich erst in den 30er Jahren, also 25 Jahre später in der Lokomotivbeschaffung der Reichsbahn durch, bis dahin favorisierte man noch den aufwendigeren Stangenantrieb. Bei LAG 1 kamen zwei Reihenschlußmotoren mit phasenverschobenem Wendefeld zum Einbau. Der Trafo wurde unter dem

Mit einem Güterzug ist LAG I ebenfalls kurz nach der Abnahme 1906 bei Seeleiten-Berggeist unterwegs.

Führerstand im Fahrzeugrahmen eingelassen, seine Oberseite stellte gleichzeitig den durch Holzbohlen ausgelegten Fußboden dar.

Unter den beiden Vorbauten waren neben der Steuerung die weiteren elektrischen Hilfseinrichtungen plaziert. Zunächst erhielt die Lok nur eine Wurfhebelbremse. Diese ist auf den meisten Fotos der Lok durch einen im Führerstand hochstehenden Hebel mit am Ende aufgesetzter Gewichtsscheibe erkennbar. Die Bremse wurde zur Bremsbereitschaft „umgeworfen“, die gewünschte Bremswirkung durch entsprechenden Druck erzielt, ähnlich einer Autobremse, jedoch handbedient. Was aus heutiger Sicht sehr exotisch anmutet, war insofern zunächst ausreichend, da kurz nach der Jahrhundertwende zumindest Güterwagen nicht durch eine lokgesteuerte Luftdruckbremse reguliert, sondern von mitfahrenden Bremsern direkt am Wagen gebremst werden mußten.

Machte die Lok äußerlich einen recht robusten Eindruck, beim Stromabnehmer erweckten die Konstrukteure eher den Anschein einer Verlegenheitslösung. Um die richtige Höhe der Schleifbügel zu erreichen, mußte ein einem doppelten Lyrabügel ähnlicher Aufbau nochmals auf zwei Rahmengestelle gesetzt werden, die wiederum auf langen Isolatoren ruhten. Zum Einholen des Bügels wurde ein verschlungenes Seilzug-System angebaut. Ein Wunder, daß sich diese gewagt anmutende Konstruktion dann doch über einen recht langen Zeitraum auf der Lok hielt.

Derart ausgestattet erreichte die Lok im Oktober 1905 ihre zukünftige Heimat Murnau. Die dortige Werkstätte führte abschließende Installationsarbeiten aus und fuhr erste Probeeinsätze. Offizieller Dienstbeginn auf der Oberammergauer Strecke war der 19. Februar 1906. Die inzwischen braun-rot mit schwarzen Zierstreifen lackierte Lok erhielt von ihrem Besitzer die Bezeichnung LAG 1. Das Interesse der Fachwelt war groß bei den ersten Fahrten der Maschine, die nun vor Güterzügen, aber auch im Reisezugverkehr eingesetzt wurde. Dabei konnte die kleine Lok durchweg Überzeugendes bieten – erreichte alle von ihr geforderten Leistungen ohne Problem. So konnte in der langen 30-Promille-Steigung mit 50 Tonnen Zuglast noch auf 20 km/h beschleunigt werden. Entscheidende Mängel waren nicht festzustellen. Vielmehr wußte die Maschine durch werkstättenfreundliche Konstruktion und unkomplizierte Bedienung allseits zu gefallen.

Naturgemäß waren dennoch in der folgenden Zeit einige Ausrüstungsteile anzupassen. So erweiterte die LAG nach einigen Betriebsmonaten die Bremsanlage. Durch den Einbau einer Druckluftbremse der Bauart Westinghouse übernahm sie den Standard der Bayerischen Staatsbahnen. Diese Zurüstung resultierte wohl aus dem unerwartet häufigen Einsatz auch im Reisezugdienst. Hierzu mußte in einem Vorbau ein

Druckluftkompressor eingebaut werden. Diese Bremse wirkte jedoch nicht auf die Lok selbst, so daß bei Lokleerfahrten und im Rangierbetrieb die Wurfhebelbremse weiterhin im Einsatz blieb.

1909: Lok 2 überzeugt alle

Durch den Erfolg der LAG 1 ermutigt, setzte die LAG für die Oberammergauer Bahn nun stärker auf den Betrieb mit elektrischen Lokomotiven. Da die Passionsspiele 1910, die ersten für die LAG, näher rückten, bestellte die Gesellschaft im Laufe des Jahres 1908 eine weitere Maschine. Federführend hierbei sollte erneut Siemens sein, der Auftrag für den Fahrzeugteil ging jedoch diesmal an den „Haus- und Hoflieferanten" der LAG, die Firma Krauss, die nahezu alle Dampfloks der LAG gefertigt hatte. Diese lieferte Ende 1908 das Fahrzeugteil nach Murnau aus, auch erste Teile der elektrischen Ausrüstung gingen an den Staffelsee. In der dortigen Werkstätte wurde in den folgenden Monaten die Maschine funktionsfähig zusammengebaut.

Der Fahrzeugkasten der als LAG 2 bezeichneten Lok war kompakter als ihre ältere Schwester. So fielen die etwas höher gehaltenen Vorbauten steiler ab und waren eckiger; der Lokkasten ruhte auf einem stabileren Fahrgestell, bei dem die Achsen nun starr ausgeführt wurden. Die elektrische Ausrüstung entsprach im Grundprinzip der von LAG 1, war insgesamt aber leistungsstärker. So leisteten die Tatzlagermotoren mit jeweils 126 kW bereits das Doppelte der ersten Lok. Dementsprechend konnte die Maschine auf der Rampe auch 35 Tonnen mehr anfahren als die LAG 1. War das Murnauer Personal bislang mit der ersten Lok bereits recht zufrieden, war man von der am 19. Mai 1909 offiziell abgelieferten Lok 2 restlos begeistert. Deutlich robuster und leistungsstärker präsentierte sich die neue Lok, die ab August 1909 im regulären Dienst eingesetzt wurde. Besonderes Lob erfuhr die Ausführung der elektrischen Installation, durch die LAG in Murnau selbst vorgenommen, im Gegensatz zur Ausführung dieser Arbeiten bei Anlieferung der LAG 1 durch die Firma Siemens selbst.

Als die LAG schließlich 1912 die nächste Lokomotive in Auftrag gab, war bereits klar, daß dies zu Lasten der bislang eingesetzten Triebwagen gehen müßte, denn soviele Leistungen im Gü-

LAG 2

Achsanordung:	Bo
Länge:	7350 mm
Nennleistung:	252 kW
Geschwindigkeit:	40 km/h
Steuerung:	Schütz elektromagnetisch
Fahrstufen:	8
Fabriknummern:	Krauss EL3/08
Anschaffungspreis:	50.890 Reichsmark

Weitere Daten im Anhang!

Im Herbst 1908 war der Fahrzeugteil der neuen LAG 2 bei Krauss fertiggestellt.

Kurze Zeit später war die Lok bereits in der Betriebswerkstätte Murnau. Dort wurde die elektrische Ausrüstung eingebaut. Links im Hintergrund steht die Lok LAG 1.

terverkehr gab es ja auch nicht, um damit alle drei Loks beschäftigen zu können. Vielmehr zeigten sich die Triebwagen im Betrieb und Werkstättenbereich den Loks deutlich unterlegen. Vor allem die schlechten Laufeigenschaften mit den dadurch bedingten starken Abnutzungen an Radsätzen und Schienen sowie die unflexibleren Kapazitätsmöglichkeiten im mittlerweile doch sprunghaft angestiegenen Reisendenaufkommen ließen die Triebwagen vermehrt aufs Abstellgleis laufen. Bei der dritten Lok verließ man sich nun weitgehend auf das „Erfolgsrezept" der LAG 2.

1912: Fortsetzung des Erfolges

Bereits im Herbst 1912 erschien die neue Lok in Murnau, wo erneut der elektrische Teil, beide Elemente wieder von Siemens und Krauss gefertigt, in den kommenden Wochen zum Einbau kam. Als offizielles Indienststellungsdatum wird der 17. Dezember 1912 angegeben. Sichtbarer Unterschied zur Zwillingsschwester LAG 2 war

LAG 3

Technische Daten wie bei LAG 2
Fabriknummer: Krauss EL25/12
Anschaffungspreis: 51.130 Reichsmark
Weitere Daten im Anhang!

der modernere Scheren-Stromabnehmer, nun schon ähnlich den späteren Reichsbahn-Bauserien, sowie die beiden Vorbauten. Bei der neuen LAG 3 reichten die Vorbauten bis an den vorderen Rand der Pufferbohlen, während sie bei der LAG 2 bereits davor endeten. So konnten die Loklaternen bei der LAG 3 auch am Vorbau angebracht werden und nicht wie bei der Lok 2 auf den Pufferbohlen. Auch die Griffstangen auf den Aufbauten waren abweichend, was beide Loks schon von weitem unterscheidet. Bei der LAG 2 verläuft eine durchgehende Griffstange von der Pufferbohle bis zum Führerstandsaufbau, während die LAG 3 eine zweigeteilte Griffstange hat, deren oberer Teil nicht auf dem Vorbau, sondern seitlich angeordnet ist. Damit erhielt die Lok ein kompakteres Aussehen. Von diesen Nuancen abgesehen, Lok 2 und 3 waren weitgehend identische Konstruktionen und sollten dadurch ihr Schicksal auch in den nächsten Jahrzehnten besonders eng miteinander verbinden.

LAG 3 steht am Murnauer Lokschuppen, im Hintergrund die Dampflok LAG 28.

1921: Aus der Not geboren – eine neue Lok

Mit diesem Lokpark sah sich die LAG dann kurz vor Beginn der 20er Jahre in der Lage, ganz auf die Triebwagen zu verzichten. Der Abschied schien leicht zu fallen, konnten doch nicht mal mehr die um zwei Jahre verschobenen, für 1922 angesetzten Passionsspiele einen Weiterbetrieb rechtfertigen. Dennoch kam die Disposition der LAG für den Betrieb nach Oberammergau plötzlich gehörig durcheinander. Wie schon im Kapitel „Streckengeschichte" ausführlich beschrieben, kam es am 2. Juni 1921 zu einem folgenschweren Unfall auf der Strecke nach Oberammergau. Bei dem Zusammenstoß zweier Züge erlitten die den Güterzug führende LAG 2 und die mit dem Personenzug bergwärts fahrende LAG 1 schwere Beschädigungen. Vor allem LAG 2 war von den auflaufenden Güterwagen fast völlig zertrümmert worden, die Aufbauten zerplatzten nahezu. Natürlich war auch die elektrische Ausrüstung weitgehend zerstört. Leider existieren keine Aufzeichnungen über die Beschädigungen an den Loks mehr, da alle Betriebsbücher am 29. April 1945 in Bad Kohlgrub „durch Feindeinwirkung in Verlust gerieten". Es läßt sich aber anhand der in diesem Buch abgebildeten Fotos leicht erahnen, daß die LAG für Monate auf zwei der drei Betriebsloks verzichten mußte. Neben der unversehrten LAG 3 waren nun wieder vermehrt Dampfloks gefordert. Gerade im Hinblick auf die in nur elf Monaten anstehenden Passionsspiele hieß es nun für die LAG, schnell nach Ersatz zu suchen. Fündig wurden die Verantwortlichen dann sozusagen auf dem „Schnäppchenmarkt" bei Siemens. So hatte es zumindest den Anschein, in Wirklichkeit war es wohl eher die Abteilung „Ladenhüter", aus der die neue Lok für die Ammergauer Bahn geordert wurde. Aber der akute Fahrzeugbedarf ließ der LAG wohl keine andere Wahl, als zur Beschaffung einer vierten Lok auf eine Neukonstruktion, die als Weiterentwicklung der bisherigen Maschinen gefertigt wurde, zu verzichten. Um sich mit der skurrilen Geschichte der neuen Lok zu befassen, muß man in der Zeitrechnung einen gewaltigen Sprung zurück machen, in eine Zeit, als es für die Oberammergauer Bahn noch gar keine elektrischen Triebfahrzeuge gab: ins Jahr 1901.

Um die Jahrhundertwende liefen bei Siemens umfangreiche Versuchs- und Testreihen mit elektrischen Triebfahrzeugen. Schließlich galt es, geeignete Systeme für diese Traktionsart zu entwickeln. Bereits im Oktober 1899 gründeten daher die Firmen Siemens & Halske und UEG (spätere AEG) zusammen mit weiteren führenden Wirtschaftsunternehmen die „Studiengesell-

Der schwere Unfall am 2. Juni 1921 hatte die beiden Loks LAG 1 und 2 so stark zerstört, daß sie für Monate nicht mehr einsatzfähig waren. Vor allem an LAG 2 waren weite Teile des Aufbaues nahezu vollständig zerstört.

Aus dieser Schnellfahr-Versuchslok entstand die LAG 4 für die Oberammergauer Bahn. Kurz nach ihrer Indienststellung entstand diese Aufnahme in Berlin. Bemerkenswert der mastartige Stromabnehmer. Dort wo der Treppenaufstieg beginnt, wurde die Lok später getrennt.

schaft für elektrische Schnellbahnen", abgekürzt als STES bezeichnet. Ab 1901 betrieb diese Gesellschaft auf dem 23 Kilometer langen Abschnitt Marienfelde – Zossen einer Militärbahn im Großraum Berlin eine elektrische Versuchsstrecke für Drehstrom von 10.000 Volt. Zunächst stellten beide Elektrokonzerne je einen Triebwagen in Dienst und testeten die Fahrzeuge eingehend. Dabei konnte der AEG-Wagen im Oktober 1903 mit 210,2 km/h einen Geschwindigkeits-Weltrekord für Schienenfahrzeuge aufstellen. Zur weiteren Erprobung verschiedener Motorenkonstruktionen bauten Siemens & Halske schließlich 1901 eine mehr als 15 Meter lange Elektrolokomotive mit der Achsanordnung (1A)(A1). Diese erhielt vier Tatzlagermotoren von je 300 kW für 10.000 Volt Hochspannung. Ab Mitte Juni 1902 fanden Erprobungsfahrten statt, bei der die Lok Geschwindigkeiten von über 100 km/h erreichte. Nach einer Getriebeumrüstung absolvierte sie auch erfolgreiche Fahrten mit hoher Anhängelast. Die Einsatzergebnisse dieser Lok, vor allem aber auch der Triebwagen, zeigten die Leistungsfähigkeit des elektrischen Zugbetriebs deutlich. Andererseits aber auch die Systemnachteile des Drehstrombetriebes mit seiner aufwendigen Fahrleitungsausführung und der mangelnden Motorflexibilät – Probleme mit denen zeitgleich bekanntermaßen auch im bayerischen Ammertal gekämpft wurde.

Nach dem Ausfall der beiden ersten Loks mußte schnell für Aushilfe gesorgt werden. Mit LAG 4 kam daher ein Lok-Unikum auf die Strecke. Besonders augenscheinlich das lange Vordach über dem Vorbau. Als diese Aufnahme 1930 im Bahnhof Oberammergau entstand, war die Lok schon wieder kurz vor ihrer Abstellung.

Nach Abschluß des Probebetriebes kam die Lok noch zu Ausstellungsehren und verschwand anschließend hinter den Werkstoren von Siemens. In diesem Zusammenhang ist übrigens bemerkenswert, daß der Versuchsbetrieb vom Siemens-Zweig Halske unternommen wurde, der eigentlich auf dem Gebiet der Niederspannung tätig war, während die Siemens-Schuckert-Werke sich sonst dem Thema Hochspannung widmeten.

Die nagelneue und kaum gefahrene Lok, im Fahrzeugteil gefertigt übrigens von der Köln-Deutzer Wagenbauanstalt van der Zypen & Charlier (1925 aufgegangen in Vereinigte Westdeutsche Waggonfabriken AG, „Westwaggon"), verschwand nach den Probefahrten im Werksgelände von Siemens.

In den Jahren 1917/18 entschloß sich der Konzern, die Lok nach langer Abstellzeit genau in der Mitte zu halbieren! Ein Fahrzeugteil sollte mit Gleichstromausrüstung auf der betriebseigenen Siemens-Güterbahn in Berlin zum Einsatz gelangen. Hier überdauerte die Maschine jahrzehntelang ohne große optische Veränderung und rangierte bis Anfang der 80er Jahre auf den Gleisen der Siemenswerke in Siemensstadt und Gartenfeld. Heute steht die Lok im Museum für Verkehr und Technik im traditionsreichen Gelände desehemaligen Bahnbetriebswerkes Berlin Anhalter Bahnhof.

LAG 4

Achsanordnung:	Bo
Länge:	7750 mm
Trafoleistung:	204 kVA
Steuerung:	Schütz
Fahrstufen:	6
Fabriknummer:	V. d. Zypen & Charlier 70418/1901
Anschaffungspreis:	Inflationspreis

Die zweite Hälfte der Siemens-Versuchslok mußte noch einige Zeit auf ihre weitere Verwendung warten. Als schließlich die LAG durch den plötzlichen Ausfall ihrer beiden Loks LAG 1 und 2 beim Stammlieferanten Siemens vorsprach, bot man dort diesen Lokteil mit entsprechender Wechselstrom-Ausrüstung zum Kauf an. Da die allgemeine wirtschaftliche Lage im Deutschen Reich und im besonderen bei der LAG äußerst angespannt war, schien eine günstige und vor allem auch schnelle Lösung gefunden. Nach der Auftragserteilung begann Siemens mit der Umrüstung der Maschine. Der Fahrzeugteil verblieb weitgehend unverändert. Wie schon die für die eigene Güterbahn ausgeführte Lokhälfte, erhielt das Fahrzeug ein ungewöhnlich langes, fast über

Überraschend lange überdauerte die „bessere Hälfte" der alten Schnellfahrlok. Bis in die frühen achtziger Jahre war die weitgehend unveränderte Siemens-Güterbahn-Lok 3 in Berlin aktiv. Dank ihres Überlebens ist unsere Vorstellung von der alten LAG 4 deutlich konkreter. Selbst die alten Nietenreihen sind auf der Ursprungslok erkennbar.

den gesamten Vorbau reichendes Dach, vorne von zwei Stützen getragen. Darauf montiert war ein Scherenstromabnehmer modernerer Bauart. An der Trennstelle wurde eine Führerhauswand mit Tür und Übergang eingezogen, ebenfalls recht ungewöhnlich für die LAG.
Die elektrische Ausrüstung stellte Siemens teilweise aus Teilen von Serienfertigungen zusammen, sie war also kein maßgeschneidertes Ganzes wie bei den Loks 1 bis 3. Zum Einbau kamen dabei zwei Wechselstrom-Reihenschlußmotoren, ein selbstbelüfteter Öltrafo mit 204 kVA Nennleistung, sowie eine lediglich sechs Fahrstufen aufweisende Schützensteuerung.
Ob die Lok bei ihrer Ankunft in Murnau zum Jahreswechsel 1921/22 große Begeisterung auslöste, ist nicht bekannt. Dem fachkundigen Personal in der Werkstätte ist zu unterstellen, das dem nicht unbedingt so war. Im Betrieb zeigte sich auch schon bald, daß dieses Lok-Mosaik bei weitem nicht die Leistungsfähigkeit und Zuverlässigkeit der LAG 2 und 3 aufwies. Bereits 1929 kam es bei einer Güterzugfahrt nach Oberammergau in der Nähe der Station Jägerhaus zu einem Starkstromüberschlag und Trafobrand. Die Lok wurde zwar noch notdürftig instandgesetzt, sollte aber nicht mehr lange im Dienst bleiben. Zumindest aber bis zur Abnahme einer weiteren neuen Lok für die Oberammergauer Bahn konnte sie noch als Reservelok zur Verfügung stehen. So erhielt die Maschine auch am 28. März 1930 nochmals eine fällige Revision, doch im Laufe des Sommers 1930 wurde das ungeliebte „Bügeleisen" endgültig abgestellt. Anschließend überführte die LAG sie in ihre Hauptwerkstätte in München-Thalkirchen. Dort sollte sie nun, weitgehend ausgeschlachtet, als Fahrzeug-Torso auf einem Anschlußgleis der Isarthalbahn bei Maria Einsiedel hinterstellt bleiben.

1930: Die „Dicke" kommt

Die bevorstehende Passions-Doublette 1930 und 1934 veranlaßte die LAG Ende der zwanziger Jahre zu recht umfangreichen Investitonen für die Oberammergauer Bahn. Auch im Fahrzeugpark erkannte sie erneut Handlungsbedarf, zumal die

Nochmals ein Tröpfchen Öl für die alte LAG 4. Das Personal wußte wohl schon, daß es die ungeliebte Lok bald los sein würde. Ein Erinnerungsfoto sollte darum schon sein. So entstand im Frühjahr 1930 die Aufnahme dieser ungewöhnlichen Maschine.

LAG 4 nach nur wenigen Betriebsjahren wieder abgestellt werden sollte. Darüberhinaus hatte sich vor allem der Güterverkehr in der zweiten Hälfte der 20er Jahre so verstärkt, daß die kleinen LAG-Loks häufig im Grenzlast-Bereich unterwegs waren. Deshalb entschloß sich die LAG, eine deutlich stärkere E-Lok für schwere Zuglasten zu beschaffen. Der Auftrag für den Fahrzeugteil ging diesmal nicht an Krauss, sondern zur Münchner Konkurrenz, zu Maffei. Die neue Lok war deutlich größer dimensioniert, die Vorbauten wuchsen deutlich in die Höhe, die Länge auf 8,7 Meter. Auch in der Führerhausgestaltung ging man neue Wege. Statt dem von LAG 1 bis 4 gewohnten „Panorama-Blick" erhielt die Lok Seitenfenster nur im Türrahmen und auch nur je zwei Stirnfenster. Pate stand hier ganz offensichtlich die ebenfalls von Maffei parallel entwickelte Reichsbahn-Rangierlok E 80, die auch in der Dach-, Fahrgestell- und Pufferbohlen-Ausführung deut-

Als Ablösung für LAG 4 wurde 1930 die starke LAG 5 erwartet. Im Winter 1930 rollte sie auf die „Fotodrehscheibe“ ihrer Herstellerfirma Maffei in München. Gut zu erkennen sind hier die nach innen hängenden Fahrmotoren.

liche Ähnlichkeiten aufwies. Dergestalt wirkte die neue LAG-Lok viel bulliger, aber auch „grimmiger“ als ihre kleineren Schwestern.

Im Jahre 1935 steht die neue Lok LAG 4 abfahrtbereit im Murnauer Lokalbahnhof.

Abgesehen von diesen Äußerlichkeiten, steckte in der Lok auch eine erheblich verstärkte elektrische Ausrüstung, wieder von Siemens gefertigt und im Aufbau an die LAG 2 und 3 angelehnt. Durch den verlängerten Achsstand konnten die neu konstruierten Motoren WBM 295 nach innen überhängend angebracht werden. Sie leisteten mit je 302 kW viermal soviel wie die der alten LAG 1! Hierfür benötigte die Lok nun auch erstmals einen fremdbelüfteten Öltrafo mit zwangsweisem Ölumlauf, dessen Energie durch eine

LAG 5

Achsanordnung:	Bo
Länge:	8700 mm
Gewicht:	32,4 Tonnen
Nennleistung:	605 kW
Geschwindigkeit:	50 km/h
Trafo:	WBT 415
Trafoleistung:	530 kVA
Steuerung:	Schütz
Fahrstufen:	11
Anschaffungspreis:	142.429 Reichsmark

Weitere Daten im Anhang!

elfstufige, und damit ziemlich aufwendige, Schützensteuerung an die Fahrmotoren verteilt wurde. Zur Übertragung der Ströme verwendete die LAG erstmals Kupferschienen statt Kabel, so wie überhaupt viele Teile aus Serien für Loks der Reichsbahn entnommen waren. Hierdurch erhoffte man sich eine ökonomische Ersatzteilhaltung.

Die offizielle Indienststellung war bislang mit dem 1. April 1930 angegeben, doch wartete die Lok auch im Mai 1930 noch auf ihre LAG-Zulassung. Mehrere Probefahrten ergaben, daß der Stromabnehmer mit Doppelwippe einen derart starken Anpreßdruck aufwies, daß die Oberleitung teilweise bis zu 30 cm nach oben gedrückt wurde. Hier mußten noch Anpassungsarbeiten erfolgen, letztendlich kam ein anderer Pantograph zur Verwendung. Bei einer Probefahrt am 16. Juni 1930 erhielt die Maschine lediglich einen befriedigenden Lauf attestiert, ein Urteil, das ihr, weniger zurückhaltend, zeitlebens zuteil wurde. Durch die hohe Leistung neigte sie zum Schleudern, und die hohen Aufbauten verlagerten den Schwerpunkt so weit nach oben, daß die Lok im oberen Geschwindigkeitsbereich zum Schlingern neigte.

Dennoch: Gerade rechtzeitig zum Beginn der Passionssaison 1930 stand mit der LAG 5 nun eine überdurchschnittlich leistungsfähige Lok zur Verfügung, die von nun an bis in die 80er Jahre auf der Oberammergauer Bahn für den Güterverkehr und schwere Sonderaufgaben prädestiniert war.

1934: Wiedergeburt der LAG 4

Wie schon so oft, gaben erneut anstehende Passionsspiele nur vier Jahre nach dem letzten Lok-Neuzugang den Ausschlag, den Fahrzeugpark um eine weitere E-Lok zu ergänzen. Zu dieser Zeit arbeitete in der LAG-Hauptwerkstätte Thalkirchen ein Ingenieurs-Praktikant, Hans Huber. Offensichtlich „stolperte" er bei einer Exkursion durch das LAG-Areal auf die mittlerweile schon vom Unkraut überwucherte alte LAG 4.

Die Wiedergeburt der LAG 4 ist im Juni 1934 Anlaß für eine kleine Feierstunde im Bw Murnau. Unter dem Schild „Johanna" in der Knickerbocker LAG-Abteilungsleiter Adolf Döderlein, links neben ihm der langjährige Murnauer Werkstättenleiter Johannes Bub. Hinter der LAG 4 steht die LAG 5.

So entstand der Plan, auf Basis der alten Maschine einen weitgehenden Neubau zu erstellen, der preislich günstiger als eine reine Neubestellung bei der Industrie kommen würde. Hierzu wurde der alte Lokteil in die Hauptwerkstätte Thalkirchen gezogen, und bei Krauss ein neues Fahrzeugteil bestellt. Dabei erfolgte ein Rückgriff auf die obligate LAG-E-Lok-Form mit Mittelführerstand und Vorbauten. Dabei fielen die Vorbauten höher als bei LAG 1 bis 3, aber deutlich niedriger als bei der LAG 5 aus.

Nachdem die Lok in Thalkirchen aufgeachst und eine von Hans Huber selbst entworfene Bremsanlage sowie einige von der alten Lok übernommene Bauelemente eingebaut war, rollte die Lok nach Murnau. Dort erfolgte nun der Einbau der weitgehend neuen elektrischen

LAG 4 II

Achsanordnung:	Bo
Länge:	7750 mm
Nennleistung:	268 kW
Geschwindigkeit:	50 km/h
Trafoleistung:	310 kVA
Steuerung:	Schütz
Fahrstufen:	6

Weitere Daten im Anhang!

Ausrüstung. Es scheint erwiesen, daß dabei zumindest das alte Schaltwerk wieder Verwendung fand. Neu waren aber die Motoren WBM 282, die 268 kW Leistung erbrachten; damit war die Maschine stärker als ihre Vorgängerin, aber bereits wenige Monate nach ihrer Indienststellung durch den Umbau der LAG 2 und 3 wieder die schwächste Lok nach der LAG 1.

Auch die Trafoleistung lag nur kurzzeitig über dem Wert der vergleichbaren „Konkurrenz" LAG 2 und 3. Dennoch stand nun eine deutlich zuverlässigere und leistungsfähigere Maschine zur Verfügung, als dies bei dem Provisorium der ersten LAG 4 der Fall war. Insgesamt darf man bei der ab Juni 1934 einsatzbereiten Lok eher von einer Neukonstruktion als von einem Umbau sprechen; dennoch fanden sich einige Elemente der Urausführung in der neuen Lok wieder.

Es ist typisch für die LAG und die Werkstätte in Murnau, sich mit den nun fünf einsatzbereiten E-Loks nicht mit dem Status Quo zufriedenzugeben. Vielmehr demonstrierte gerade LAG 5 mit ihrer hohen Motorleistung die Vorteile von leistungsfähigen Triebfahrzeugen. Gerade für die robustesten und beliebtesten Maschinen, LAG 2 und 3 wünschte man sich daher eine Verbesserung der Zugleistung. So arbeitete unter Federführung der Murnauer Werkstätte Mitte der dreißiger Jahre der neue Partner BBC Mannheim ein Programm zur Leistungssteigerung der LAG-Loks aus. Darin waren folgende Eckpunkte festgelegt:

- Leistungssteigerung bei der schwächsten Maschine LAG 1
- weitgehende Neukonstruktion des elektrischen Teils von LAG 2 und 3
- neue Steuerung für LAG 5
- Einbau der BBC-Sicherheitsfahrschaltung für alle Maschinen.

Die gerade wenige Monate wieder in Betrieb stehende LAG 4 war naturgemäß nicht in den Umbauplan mit einbezogen, wodurch die Lok aber in Zukunft deutlich hinter die leistungsgesteigerten LAG 2 und 3 zurückfiel. Als erstes erhielt 1935 die Lok-Oma LAG 1 durch den Einbau von neuen Motoren eine deutliche Leistungssteigerung um über 40 Prozent auf nun 206 kW. Ansonsten erfolgten nur kleinere Anpassungs- und Moderni-

Eine besondere Rarität: Betriebsaufnahmen der LAG I auf der Strecke. In den dreißiger Jahren bringt die kleine Lok eine gewohnt hübsche Lokalbahn-Garnitur nach Oberammergau durch Saulgrub.

Die Technischen Daten aller E 69

		E 69 01 LAG 1	E 69 02 LAG 2	E 69 03 LAG 3	E 69 04 LAG 4/II	E 69 05 LAG 5
Höchstgeschwindigkeit	Anlieferung	45 km/h	40 km/h	40 km/h	50 km/h	50 km/h
	letzter Zustand	40 km/h	50 km/h	50 km/h	50 km/h	50 km/h
Nennleistung	Anlieferung	145 kW	252 kW	252 kW	268 kW	605 kW
	letzter Zustand	206 kW	352+x kW*	352 kW	352 kW	605 kW
Dauerleistung	Anlieferung	66 kW	129 kW	129 kW	237 kW	565 kW
	letzter Zustand	160 kW	306+x kW*	306 kW	306 kW	565 kW
Größte Anfahrtzugkraft	letzter Zustand	55 kN	82+x kN*	82 kN	69 kN	93 kN
Dienstgewicht	Anlieferung	20,0 t	24,0 t	24,0 t	25,6 t	32,4 t
	letzter Zustand	23,5 t	26,1 t	26,5 t	26,6 t	34,2 t
Länge über Puffer		7,50 m	7,38 m	7,38 m	7,75 m	8,70 m
Steuerung/Fahrstufen	Anlieferung	Schütz/6	Schütz/8	Schütz/8	Schütz/6	Schütz/11
	letzter Zustand	Schütz/6	Nocken/12	Nocken/12	Schütz/9	Nocken/12
Trafoleistung	letzter Zustand	200 kVA	404 kVA	404 kVA	310 kVA	530 kVA
Lackierung	Anlieferung	braun	grün	grün	grün	grün
	letzter Zustand	grün	grün	rot	grün-schwarz	rot
Ausmusterung		25.11.54	29.07.82	29.07.82	29.09.77	24.09.81

* Bei E 69 02 kamen Motoren der Bauart EDTM494/IV zum Einsatz, die faktisch eine Leistung von je 275 kW = insgesamt 550 kW aufweisen. Die tatsächliche Leistung ist jedoch noch von anderen Faktoren beeinflußt. Da bei der Lok nie die effektive Leistung gemessen wurde (der Betriebsbucheintrag übernimmt, handschriftlich mit Fragezeichen versehen, fälschlicherweise die Daten des EDTM 4) kann keine genaue Aussage über die Leistung der Lok gemacht werden, die in jedem Fall jedoch über dem angegebenen Wert liegt.

sierungsmaßnahmen, wie der Einbau der BBC-Sicherheitsfahrschaltung, die eine Überwachung der Einsatzbereitschaft des Lokführers ermöglichte, bzw. bei dessen Ausfall eine sofortige Zwangsbremsung einleiten konnte. Dies entsprach den in den dreißiger Jahren gängigen Sicherheitsstandards und wurde nun bei allen LAG-Loks nachgerüstet. Im gleichen Jahr ersetzte die LAG das nicht befriedigende Schützenschaltwerk der LAG 5 nach nur fünf Betriebsjahren durch ein zwölfstufiges Nockenschaltwerk. Damit konnte die Lok nun wesentlich handlicher und wartungsärmer betrieben werden. Allerdings wies das Schaltwerk wegen der starken Motorkräfte eine Besonderheit auf, die bei den später in die Loks 2 und 3 eingebauten nicht integriert war: Das Aufschalten sollte nur möglich sein, wenn die Lokzusatzbremse gelöst war, um Motorschäden beim Aufschalten mit anliegenden Bremsen zu verhindern. Für ungeübte Lokführer wurde dadurch das Anfahren, vor allem im in der Steigung liegenden Jägerhaus, durchaus problematisch.

1936: Fitness-Programm für die LAG-Loks

Für die beiden LAG 2 und 3 entschloß sich die LAG dagegen nicht nur zu einzelnen Nachbesserungen, sondern zu einer großangelegten Modernisierung der inzwischen etwa ein Vierteljahrhundert im Dienst stehenden Loks. Hierzu sollte die Höchstgeschwindigkeit auf 50 km/h erhöht und ein deutlich nach

Erste Lok, die Mitte der dreißiger Jahre leistungssteigernde Umbauten erhielt, war LAG 1. An einem regnerischen Tag zeigt sich die Lok dem Fotografen mit inzwischen modernerem Stromabnehmer.

Nach ihrer Fertigstellung ging LAG 2 im März 1936 auf erste Probefahrten. An der höchsten Stelle der Bahn, zwischen Saulgrub und Altenau ließ sich die nun wesentlich robuster wirkende Maschine stolz ablichten.

oben korrigiertes Leistungsprogramm erfüllt werden. So sollte die Anfahrtzugkraft auf einen Wert von 7000 kg gesteigert und auf der bekannten Rampe ein 110-Tonnen-Zug mit 28 km/h befördert werden können; bislang waren 85 Tonnen mit nur noch 20 km/h bewältigt worden.

Anfang des Jahres 1936 wurde daher LAG 2 aus dem Dienst genommen und im Bw Murnau unter Mitarbeit von BBC-Technikern umfassend umgebaut. Die Umrüstung der Maschine betraf nachfolgende Arbeiten:

- Austausch der alten Fahrmotoren durch jene der Reichsbahn-Einheitsbauart EDTM 4 mit einer Leistung von je 176 kW, die sich bereits in den Einheitstriebwagen ET 25 der DR bewährt hatten. Die Motoren wurden parallel geschaltet, um bei Ausfall eines Motors die Lok

Umfassend waren die Umbauten an LAG 2. Im Januar 1936 sind die Arbeiten an der Lok schon weit fortgeschritten. Gut erkennbar ist auf dieser Aufnahme der aufgesetzte Profilrahmen, auf den bislang nur das Führerhaus montiert wurde. Im linken Vorbau sind das Kompressor-Schütz und der Luftbehälter gut zu erkennen.

Auch die noch recht neue LAG 5 wurde im Umbauprogramm berücksichtigt. Mit einem neuen Schaltwerk wurde die Lok nun wesentlich wartungsärmer und zuverlässiger. Im Sommer 1935 steht sie abfahrbereit im Murnauer Lokalbahnhof.

fahrfähig zu erhalten, indem jeder Motor für sich ab- und zugeschaltet werden kann.

- Einbau eines neuen Getriebes mit der Übersetzung 72 : 15, wobei wegen der kleinen Zahnraddurchmesser der Ritzel eine Schrägverzahnung gewählt wurde. Der dadurch und durch den einseitig wirkenden Antrieb auftretende Axialverschub sollte durch neue Pendelrollenlager der Motorwellen aufgefangen werden.
- Einbau eines neukonstruierten Transformators Typ OS TRB 30 mit 324 kVA Nennleistung. Ausführung als eigenbelüfteter Manteltrafo. Zusätzlich leistete der Trafo 19 kVA für diverse Hilfsbetriebe und bis zu 75 kVA für die Heizung. Er sollte wieder unterhalb des Führerstandes in der Rahmenmitte eingelassen werden und wurde durch ein Hochspannungskabel mit dem Stromabnehmer verbunden.

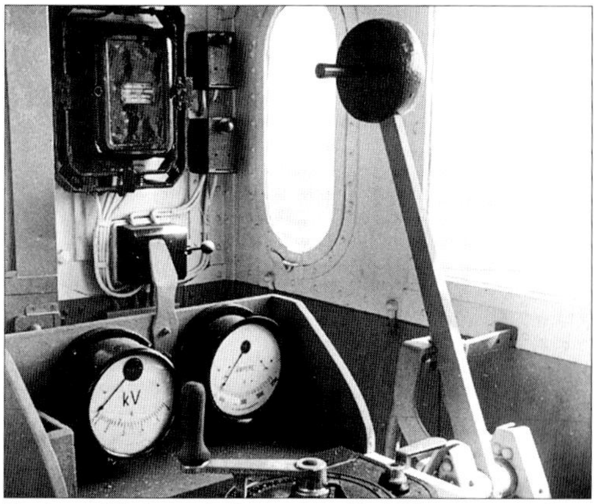

Recht schlicht gehalten war die Führerstand-Ausstattung der E 69 01. Im Vordergrund die Schützensteuerung per Handhebel, zwei Fahrstrom-Anzeigen und die dominierende Wurfhebelbremse. Im Hintergrund hat die elektrische Ausrüstung schon den Platz eines Seitenfensters eingenommen.

- Austausch der alten Schützensteuerung gegen ein 12-stufiges Nockenschaltwerk, das durch ein Handrad betätigt wird. Durch Aufschalten auf die Stufe 1 sprechen die Motorschütze an und geben den Fahrmotoren Spannung. Es kann je nach Zugkraftverhältnissen nun beliebig weitergeschaltet werden, die Schütze halten sich selbst. Bei zu hoher Zugkraft spricht das Überstromrelais an und die Steuerung muß in die Null-Stellung zurückgebracht werden.
  Das Schaltwerk wurde direkt in dem in der Führerhausmitte stehenden Führertisch eingebaut und ist durch verschiedene Klappen leicht von allen Seiten aus zugänglich. Blasmagnete zum Unterbrechen der Lichtbogen waren nicht notwendig. Dadurch konnte das Gewicht der Schaltung auf 150 kg begrenzt werden.
- Einbau von zwei Richtungswendern in Ausführung als Walzenschalter. Diese wurden zu einem Gerät zusammengebaut und im vorderen Vorbau untergebracht. Ein Ende der Antriebswelle war ins Führerhaus verlängert und mittels aufgesetztem Handrad auch bei fehlender Druckluft zu betätigen.

Blick in den vorderen Vorbau: Der Kasten links ist der neue Spannungswandler, im Gestellrahmen in der Mitte das Motorschütz und rechts der Richtungswender mit der ins Führerhaus geführten Antriebswelle. Auch das Führerpult wurde umgebaut. Vorne das Handrad der neuen Nockensteuerung samt Fahrstufen-Anzeiger, mit dem Schalter links konnten die Motoren einzeln zu- und abgeschaltet werden. Rechts der Schnellaus-Knopf und die Sifa. Hinten angeordnet Spannungs- und Zugkraftanzeige.

Durch die Verstaatlichung der LAG kamen die Loks zur Deutschen Reichsbahn. Zum „Kennenlernen“ mußten in den folgenden Jahren alle Maschinen ins Ausbesserungswerk München-Freimann. Dabei erhielt die ehemalige LAG 1 im Mai 1941 zwar einen hübschen neuen Anstrich und als einzige E 69 ein Lokschild, aber mit dem Reichsadler auch zeittypischen „Zierrat“.

Um die verstärkten elektrischen Ausrüstungen in der kleinen Lok auch gut zugänglich unterbringen zu können, mußte der Lokkasten angehoben und zwischen Kastenaufbau und Fahrgestell ein 24 cm hoher Profilrahmen eingesetzt werden.

Dadurch erhielt die Lokomotive erst die heutige Formgebung, zuvor lag der Aufbau direkt und damit niedriger auf dem Fahrgestell auf. In den Vorbauten wurden nun auch noch der Stromwandler, Motoranschlußkasten, Luftansaugstutzen für den Fahrmotor 1 (im vorderen Vorbau), sowie entsprechende Motorausrüstungen für Fahrmotor 2, der Luftkompressor und die Zugheizanlage im hinteren Vorbau untergebracht.

Am 1. April 1937 waren die Arbeiten an der Lok abgeschlossen, eine eingehende Erprobung begann. Schon schnell zeigte sich, daß sich die Erwartungen in allen Belangen problemlos erfüllen. Nicht nur, daß die Leistungssteigerung alle Wünsche übertraf, auch die Anspruchslosigkeit bei der Wartung der Maschine verdiente größte Wertschätzung.

So war es für die LAG keine Frage, auch die Lok LAG 3 entsprechend umzurüsten. Bereits im Laufe des Jahres 1937 bestellte sie erste Ausrüstungsteile für die Lok – doch die LAG sollte deren Lieferung nicht mehr erleben!

1938: „Verreichlicht“

Mit Verstaatlichung der LAG im August 1938 gelangten die wackeren Lokalbahnloks nun zur Deutschen Reichsbahn. Wenn auch die Maschinen noch einige Zeit mit ihren alten LAG-Schildern durchs Ammertal fuhren, selbstverständlich mußten sie in das Nummernschema der Reichsbahn integriert werden. Eine erste Planung sah dabei die Baureihen-Bezeichnung E 98 vor! Der erste durch die Reichbahn geführte Betriebsbogen der LAG 3 wies zunächst die Bezeichnung E 98 für die Lok E 98 03 auf! Die Reichsbahn ordnete ja „Exoten“ gerne in möglichst hohe Nummernreihen ein. Im Laufe des Jahres 1939 legte die DRG jedoch die endgültige Bezeichnung aller ehemaligen LAG-Loks der Oberammergauer Bahn als E 69 fest, womit sie unzutreffend in die Kategorie Rangierloks aufgenommen wurden. Der Baureihenbezeichnung folgte die Einordnung entsprechend der alten und chronologischen Nummernfolge in E 69 01 bis 05.

Für die kleinen Loks änderte sich am Einsatz nichts, in der Unterhaltung wenig. Das Reichsbahn-Ausbesserungswerk München-Freimann berief die kleinen Loks zwar bis etwa 1941 bei fälligen Untersuchungen in seine Hallen, doch schon bald übernahm Murnau wieder die gesamte Fristenpalette bis zu den Hauptuntersu-

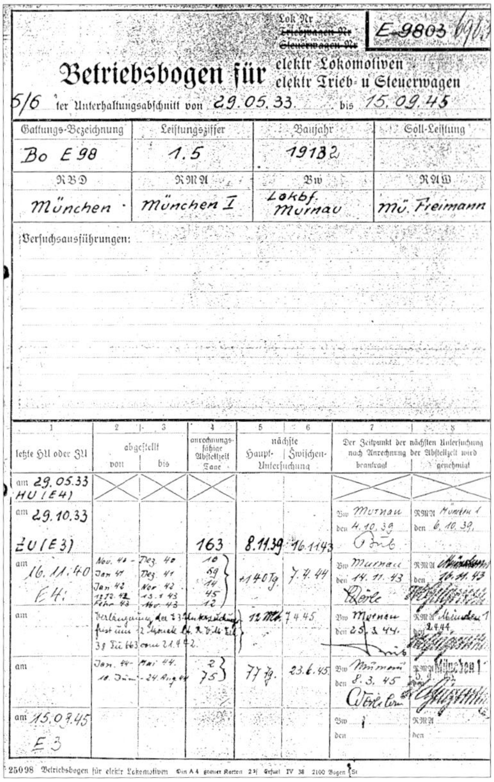
Lok Nr ~~Triebwagen Nr~~ ~~Steuerwagen Nr~~ E 9803

Betriebsbogen für elektr Lokomotiven / elektr Trieb- u Steuerwagen

5/6 ter Unterhaltungsabschnitt von 29.05.33. bis 15.09.45

Gattungs-Bezeichnung	Leistungsziffer	Baujahr	Soll-Leistung
Bo E 98	1.5	1913	
RBD	RMA	Bw	RAW
München	München I	Lokbf. Murnau	Mü. Freimann

Versuchsausführungen:

1 letzte HU oder ZU	2 abgestellt von	3 abgestellt bis	4 anrechnungsfähige Abstellzeit Tage	5 nächste Haupt-Untersuchung	6 nächste Zwischen-Untersuchung	7 Der Zeitpunkt der nächsten Untersuchung nach Anrechnung der Abstellzeit wird beantragt	8 genehmigt
am 29.05.33 HU (E4)							
am 29.10.33 ZU (E3)			163	8.11.39	16.11.43	Bw Murnau den 4.10.39	RMA München 1 den 6.10.39
am 16.11.40 E4	Nov. 40 – Jan 41 – Jan 42 – 12.12.42 – Febr 43 –	Dez. 40 Dez. 41 Nov 42 13.1.43 Nov. 43	10 59 14 45 12	+140 Tg.	7.4.44	Bw Murnau den 14.11.43	RMA München den 16.11.43
am	Verlängerung der E3 Untersuchungsfrist um 12 Monate …			12 Mt.	7.4.45	Bw Murnau den 25.3.44.	RMA München 1 den 2.4.44
am	Jan. 44 – 10. Juni –	Mai 44. 24. Aug 44	2 75	77 Tg.	23.6.45	Bw Murnau den 8.3.45	RMA München 1
am 15.09.45 E 3						Bw den	RMA den

25098 Betriebsbogen für elektr Lokomotiven Din A 4 grauer Karton 2 3/ Erfurt IV 38 2100 Bogen St

Erster Betriebsbogen der Reichsbahn für E 69 03, zunächst als E 908 03 geführt

chungen der Kategorie E4. Damit nahm die Werkstätte am Staffelsee entsprechend ihrer Fachkompetenz und Ausrüstung eine absolute Sonderstellung ein.

Zuvor mußte E 69 03 am 21. Oktober 1939 noch den Weg nach München antreten, um im RAW Freimann den schon lange geplanten Umbau, entsprechend der mittlerweile als E 69 02 bezeichneten LAG 2, zu erhalten. Die Teile für die elektrische Ausrüstung wurden bei BBC noch von der LAG in Auftrag gegeben.

Bis zum 17. November 1940 dauerte es, ehe die Lok, nun ebenfalls auf den neuesten Stand gebracht, wieder in Murnau eintraf. Dort mußte zunächst noch an acht Tagen das Werk des AW vollendet und nachgebessert werden, ehe die Lok am 26. November endlich wieder auf die Strecke ging.

Damit waren nun alle Maschinen wieder weitgehend auf aktuellem technischem Stand. Ganz vorne die beiden Hauptloks E 69 02 und 03, sowie die E 69 05, selbst die alte E 69 01 war wieder ganz gut in Schuß. E 69 04 stagnierte dagegen auf dem Stand ihres Umbaues von 1934 und fand daher mehr und mehr als Reservelok Verwendung, die nur dann zum Einsatz kam, wenn die erste Garde die Werkstätte aufsuchen mußte. So blieb die Lok z.B. im verkehrsschwachen Sommer 1941 fast ständig vor dem Murnauer Lokschuppen abgestellt, kam im Mai 1941 gerade noch 13 mal zum Einsatz, im Juni auf lediglich 243 Laufkilometer an vier Einsatztagen, gar nur noch zu drei Einsätzen im August 1941. Erst im Lauf des Herbstes war die Lok wieder häufiger im Einsatz zu sehen.

Auf der Oberammergauer Strecke stiegen in den Jahren ab 1942 kriegsbedingt die Leistungen an, fertigte doch unter anderem die Firma Messerschmitt in Oberammergau kriegswichtige Teile für Flugzeuge. So waren E 69 02 und 03 in den Jahren 1942 bis 1944 täglich (!) im Einsatz, nur für die fälligen Revisionen rückten sie in ihr Bw ein. E 69 04 war nun ebenfalls häufig unterwegs, doch lagen die Kilometerleistungen etwa um ein Viertel niedriger.

Natürlich war E 69 05 als leistungsfähige Güterzuglok in dieser Zeit ebenfalls stark gefordert, allerdings liegen keine durchgängigen Verwendungsnachweise vor. Aber der höchste Kilometerdurchschnitt aller E 69 im Jahr 1944 durch „die Fünfer" läßt ahnen, daß die Maschine ebenfalls „volles Programm" bewältigte. So waren die E 69 auch in den schlimmsten Kriegsjahren zuverlässig und unermüdlich im Einsatz auf ihrer Heimatstrecke. Wie Fotos aus dieser Zeit belegen, blieb es den Maschinen nicht erspart, in der zeittypischen Propaganda-Maskerade durch die Gegend zu fahren. So kehrten die Loks schon Anfang der 40er Jahre von ihren Aufenthalten im AW Freimann mit dem Reichsadler auf dem Lack zurück.

Als Deutschland sich dem Zusammenbruch näherte, hatte dies zumindest auf den technischen Betrieb der Oberammergauer Bahn keinen Einfluß. Vielmehr lief auch die Unterhaltung der Fahrzeuge, ganz im Gegenteil zu

Auch umfassende Umbauten an ihren Loks nahm das Bw Murnau selbst vor. So ist im Sommer 1949 die E 69 04 zu einer aufwendigen Hauptuntersuchung in den Murnauer Lokschuppen eingerückt.

den großen Ausbesserungswerken der Reichsbahn, völlig nach Plan.
So wurde E 69 02 noch im Winter 1944/1945 mit aller Sorgfalt im Bw Murnau einer E4 unterzogen und sogar neu lackiert. Einzig spürbare Kriegseinwirkung – im April 1944 gingen beim Einmarsch der Allierten Truppen alle Betriebsbücher der E 69 trotz Auslagerung nach Bad Kohlgrub verloren und somit manch interessanter Blick in die ersten Einsatzjahrzehnte dieser Loks.

1945: Kein Problem zur Stunde Null

Nach der Kapitulation standen die Räder auch zwischen Murnau und Oberammergau erst einmal weitgehend still. Im Bw Murnau wurde gar bis in den August 1945 nicht mehr gearbeitet. Bis zum 9. Mai 1945 war E 69 02 noch mit einigen wenigen Zügen im Einsatz, danach ruhte der Verkehr. E 69 03 war im Juni 1945 dann täglich im Dienst, allerdings fast im Alleingang, nur ein Einsatztag für 02 und zwei für die 05 sind ansonsten verzeichnet. E 69 04 kam zunächst überhaupt nicht mehr zu Einsatz, lediglich im August 1945 war sie kurzfristig eingesetzt und dann die erste Maschine, die im Bw Murnau ab 1. September 1945 wieder eine größere Untersuchung, eine E3, erhielt. Dabei arbeitete die Werkstätte die Lok grundlegend auf, sie erhielt sogar Fensterwischer mit Luftbetätigung, den Anschluß für die 1000-V-Zugheizung und einen neuen Anstrich. Was jedoch nichts daran ändern konnte, daß die Lok beim Personal wenig beliebt blieb. Dies lag vor allem an der Schützensteuerung, die im Lauf der Jahre immer störanfälliger geworden war. Häufig blieben Schütze hängen. Andererseits konnte es vorkommen, daß an einem Schütz durch die Auf- und Abschaltbewegungen eine Kabelverbindung abfiel. Dann war die Lok schlagartig dienstuntauglich und blieb auf der Strecke lie-

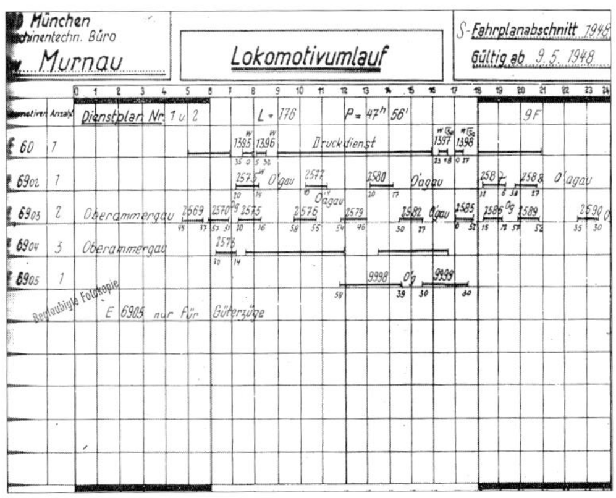

Umlaufplan aus dem Sommer 1948

Der Schadwagen-Verschub am Murnauer Bw war die Aufgabe der E 69 01 in den Nachkriegsjahren. Im Oktober 1952 hat die Lok schon Dienstschluß, als sie in ihrem letzten Betriebszustand aufgenommen wird.

gen. Versierte Lokführer konnten sich dann allerdings helfen, wenn sie den Schütz mit mechanischem Druck wieder auf Kontakt brachten. Daher wurde in der Vierer ständig ein Besenstiel mitgeführt…

Schadanfällig erwiesen sich auch die Motorlager, die nur als Gleitlager und nicht als Rollenlager ausgeführt waren. In regelmäßigen Abständen mußten sie neu ausgegossen werden. Wirklich problematisch bei der Lok war die Bremsanlage. Sie erforderte bei der Einstellungs-Regulierung unwarscheinliches Fingerspitzengefühl. Wurde das als hängende Traverse ausgeführte Bremsgestänge auf einer Seite nur ein wenig zu sehr angezogen, konnte es bei einer der ersten Fahrten passieren, daß sich dafür auf der gegenüberliegenden Seite das Gestänge verkeilte und die Lok dann plötzlich unbremsbar wurde. In jedem Fall erforderte die Einstellung der Bremsanlage einen hohen Aufwand.

Ein weiteres Sorgenkind war Anfang 1946 die E 69 05. Wie erwähnt, litt die Lok bereits seit ihrer Anlieferung an unruhigem Lauf und Schlingerneigung, durch die schon so mancher Lokführer von seinem Stuhl gefallen war. Dadurch entstanden im Laufe der Zeit immer stärkere Risse zwischen den Achslagerführungen. Anläßlich einer E4 ab 16. Januar 1946 mußten diese nun mit 20 mm dicken Platten zugeschweißt werden. Zusätzlich wurden das vordere und hintere Rahmenblech mit einer Zugstange und Spannschloß verbunden, um weitere Einrisse zu vermeiden.

Von solchen grundlegenden Problemen blieben die zuverlässigen E 69 02 und 03 verschont. Und was war eigentlich mit der E 69 01 los? In allen bisherigen Publikationen zu den E 69 bleibt der Einsatz der alten Lok im Dunklen. Kaum daß alle späteren E 69 ausgeliefert waren, wird die Lok verbal aufs Abstellgleis geschoben mit den Worten, daß sie „nach Anlieferung der anderen Maschinen kaum mehr zu nennenswerten Einsätzen gekommen wäre“, da sie für Personenzüge zu langsam und für Güterzüge zu schwach war. Richtig ist, daß schon vor Ende des 2. Weltkrieges in der Regel keine Reisezüge mehr mit der ehrwürdigen Lady bespannt wurden. Dagegen kam die Lok für die langen Güterzüge, vor allem aus der Holzabfuhr in Altenau und Grafenaschau, als Schublok zur Verwendung. Weitere Einsätze verzeichnete sie vor allem mit der Übergabe von Güterwagen aus dem Staatsbahnhof und im Murnauer Rangierdienst. Ein Versuch, die Lok vor dem selbstkonstruierten Schneepflug einzusetzen, scheiterte allerdings schon wenige Kilometer nach Murnau an qualmenden Motoren…

In den Jahren nach Kriegsende kam die E 69 01 dann nochmals zu einer „Einsatzblüte“. Im Bereich des Bw Murnau hatte sich ja die Schadwagenausbesserung bzw. -zerlegung zu einem Hauptaufgabenfeld entwickelt. Von 1945 bis 1949 wurden ständig kriegsbeschädigte Wagen, die auf dem unterbrochenen, zweiten Streckengleis der Garmischer Hauptbahn abgestellt waren, in Murnau je nach Beschädigung aufgearbeitet oder aber verschrottet. Und so mußte permanent neues Wagenmaterial vom Staatsbahnhof zur Oberammergauer Bahn überstellt werden. E 69 01 nahm diese in Empfang, „sägte" sie in den Lokalbahnhof und vors Bw. Dort mußten dann die aufzuarbeitenden Wagen in die Halle gedrückt, die zu verschrottenden Fahrzeuge dagegen in einen Gleisstutzen zur ehemaligen Kiesgrube unterhalb dem Hotel Wehe rangiert werden. Somit war die Lok über Jahre hinweg von früh bis spät beschäftigt, wenngleich dabei natürlich keine großartigen Laufleistungen erzielt werden konnten. Aber für diesen örtlich begrenzten Einsatz gab es keine geeignetere Maschine. Allerdings mußten die Lokführer sich erst einmal auf die exotische Lokbremse einstellen. E 69 01 verfügte zwar über eine Westinghouse-Zugbremse, jedoch über keine moderne Lokbremse. Die Lok selbst mußte bei Leerfahrten oder im Rangierdienst mittels der ursprünglichen Wurfhebelbremse gestoppt werden. Dabei war der lange Bremshebel neben dem Führerpult aus der Ruhestellung in Bremsbereitschaft umzuwerfen. Dadurch kamen nun die Bremsklötze zum Anliegen. Durch verschieden starken Druck auf diesen Hebel konnte dann entsprechend gebremst werden.

Wenn die Lok einmal ausfiel, was allerdings respektabel selten vorkam, vertrat sie meist die E 69 04. Dabei stellte das Bw Murnau im übrigen die Ersatzteile für E 69 01, beispielsweise die Schützen für die Steuerung, selbst her. Die Lok war in den meisten Bauteilen nicht kompatibel zu anderen Maschinen, und somit mußte in der Murnauer Werkstätte mit viel Liebe und Erfindungsreichtum an den Ausrüstungsteilen der Lok gearbeitet werden. Insgesamt war die Lok jedoch zuverlässig in diesem Dienst zu finden, wobei durchaus einiges an Laufkilometern pro Tag zusammen kam, nachdem die Wagenüberstellungen im Zick-Zack durch das Gleisfeld von Lokalbahnhof und Bw vorgenommen werden mußten.

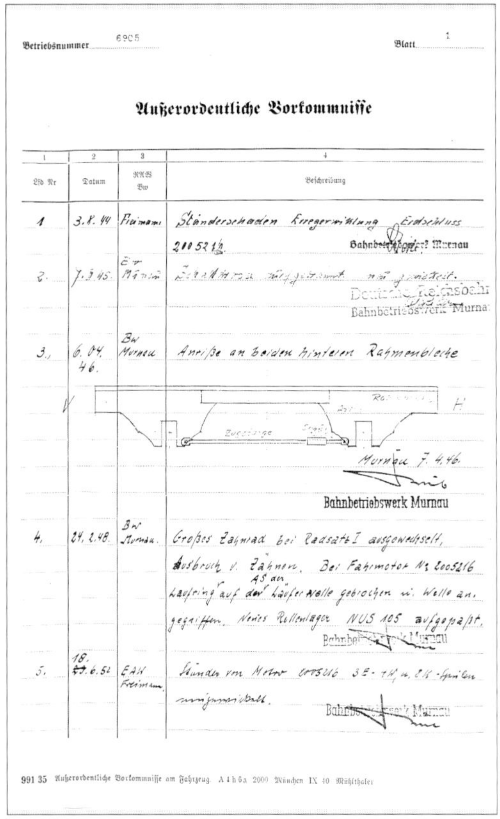
Betriebsnummer 6905 Blatt 1

Außerordentliche Vorkommnisse

1 Lfd Nr	2 Datum	3 RAW Bw	4 Beschreibung
1	3.8.44	Freimann	Ständerschaden Kriegeinwirkung Erdschluss 200521 h. Bahnbetriebswerk Murnau
2.	7.9.45.	Bw Murnau	[illegible] Deutsche Reichsbahn Bahnbetriebswerk Murnau
3.,	6.04.46.	Bw Murnau	Anrisse an beiden hinteren Rahmenbleche
			V Zugstange H Murnau 7.4.46. Bahnbetriebswerk Murnau
4.	24.2.48.	Bw Murnau.	Großes Zahnrad bei Radsatz I ausgewechselt, Ausbruch v. Zähnen. Bei Fahrmotor Nr 2005216 AS der Laufring auf der Läufer-Welle gebrochen u. Welle angegriffen. Neues Rollenlager NUS 105 aufgepaßt. Bahnbetriebswerk Murnau
5.	18.6.52	EAW Freimann	Ständer von Motor 2005216 3E-, 4W u. 2K-Spulen [illegible] Bahnbetriebswerk Murnau

991 35 Außerordentliche Vorkommnisse am Fahrzeug. A 4 h 6a 2000 München IX 40 Mühlthaler

Aus dem Betriebsbuch der E 69 05

Der Einsatz im Bereich der Wagenzerlegung währte bis etwa 1949. Widerhall in einem Umlaufplan fand er allerdings nicht. Dagegen fungierte die Lok ganz offiziell im Passionsfahrplan 1950 als Rangierlok im Bw Murnau mit einer Arbeitszeit von 7.30 bis 16.40 Uhr und 50 Kilometer Laufleistung. Im nachfolgenden Winterfahrplan 1950/51 waren die Zeiten von 7.15 bis 10.50 Uhr und 12.15 bis 18.45 Uhr ausgedehnt, ebenso die Laufleistung auf 71 km/Tag. Dies war nun allerdings der letzte offizielle Einsatzplan für die Lok, in den Folgejahren wurde kein separater Umlauf mehr erstellt. Am Einsatzgebiet änderte sich jedoch wenig. Auch wenn die Verschrottung von Schadwagen beendet war, gab es für die Wagenwerkstatt in der Ausbesse-

Nachdem die Lok stärkere Motoren erhalten hatte, hatte der Trafo von E 69 04 seine Lastgrenzen erreicht. In der wärmeren Jahreszeit mußten daher Windflügel für eine bessere Kühlung sorgen. Auf diesem Foto vom Oktober 1952 im Vorfeld des Murnauer Lokalbahnhofs sind die Bleche unterhalb der Kühlschlange und nach dem Treppenaufstieg gut zu erkennen. Ebenfalls sichtbar sind die zusätzlich angebrachten Kabelkupplungen für die verschiedenen Heizleitungen und die Beleuchtung der Lokalbahnwagen.

rung noch genügend Arbeitsvorrat. Vor Arbeitszügen kam die Lok noch hin und wieder auf ihre Strecke, auf der in der Regel jedoch nur die stärkeren Schwestern unterwegs waren.

Natürlich war auch deren Einsatz in Umlaufplänen geregelt. 1946 gab es einen Umlaufplan für zwei E 69 im Personenverkehr mit einem Tagesdurchschnitt von etwa 125 km pro Tag und Lok. Außerdem war E 69 05 fest für die Güterzüge 9998 und 9999, die Mittags in Murnau starteten und gegen Abend zurückkamen, eingeteilt. Im Sommer 1947 kam ein Personenzug-Paar dazu. Ein Jahr später wurden die Züge laut Plan auf die Maschinen aufgeteilt:

- E 69 02:2575/2577/2580/2587/2588 125 km
- E 69 03: 2569/2570/2576/2579/2582/2585/2586/2589/2590 250 km
- E 69 04: 2573/Rangierdienst Oberammergau 30 km
- E 69 05: 9998/9999 50 km

Selbstverständlich rollierten die Loks innerhalb der Plantage, doch gibt die Planung durchaus Aufschluß auf die Arbeitsverteilung der einzelnen Maschinen.

Ab Winterfahrplan 1948/49 ergänzte ein weiteres Güterzugpaar für E 69 05 diesen Plan, dessen Rückleistung am späten Vormittag ab 1950 in eine Lokleerfahrt umgewandelt wurde.

1949: Gut gerüstet in die Passion

Mit Beginn des Jahres 1949 begann sich das Bw Murnau langsam für die ersten Passionsspiele nach sechzehn Jahren kriegsbedingter Pause vorzubereiten. Dies taten auch höhere Dienststellen der DB, die einen Hamburger S-Bahn-triebwagen der Baureihe ET 99 an die Oberammergauer Strecke schickten, um dessen Einsatztauglichkeit zu erkunden. Die Murnauer Werkstätte wollte sich offensichtlich nicht von einem Nordlicht die Schau stehlen lassen und begann, ihre E 69 der Reihe nach durchzuarbeiten und erneut durch einige Umrüstungen für kommende Aufgaben zu stärken.

Als erste kam ab 14. April 1949 die E 69 03 an die Reihe. Zur fälligen E4 wurden alle planmäßigen Revisionsarbeiten an den Hauptbauteilen ausgeführt, einer der Motoren wurde von Grund auf überholt, auf der anderen Achse dagegen ein wenige Wochen zuvor aus E 69 02 schadhaft ausgebauter Fahrmotor mit neuer Laufwelle aufgezogen – ein relativ ungewöhnlicher Vorgang, war es doch in Murnau die Regel, daß die Motoren in den Loks verblieben und im Rahmen einer E-Untersuchung aufgearbeitet wurden. Abschließend versah der Bw-eigene Maler die Lok mustergültig mit neuem grünem Anstrich und Beschriftung, und sie präsentierte sich mit Abschluß der Arbeiten am 30. Juni in außerordentlich gutem Pflegezustand.

Bereits am 17. Juli 1949 rückte als nächste die E 69 04 zur E4 ins Bw ein. Aus dieser, wie bereits angesprochen, vom Personal und der Werkstätte weniger geliebten Lok, wollte man durch einen umfassenden und für ein Bw bemerkenswerten Umrüstungsaufwand endlich eine vollwertige Alternative zu den beiden E 69-Stammloks schaffen. So wurden die seit dem Umbau 1934 in der Lok befindlichen Fahrmotoren WBM 282 ausgemustert und, wie schon bei den E 69 02 und 03, Triebwagenmotoren der Reihe EDTM 4/494/III eingebaut. Hierzu mußten die Motorenaufhängung abgeändert werden und Radsätze aus E 69 02 mit neu aufgezogenen Zahnrädern eingebaut werden. Auch beim alten Luftpresser WBMV 14 erfolgte ein Tausch gegen den der E 69 05, die kurz zuvor den Kompressor VV221, wie in der E 60 verwendet, eingebaut bekam. Mit welcher Phantasie Murnau arbeitete, sieht man auch an der Umrüstung der Puffer. Die alten Stangenpuffer wurden durch Hülsenpuffer ersetzt, die man sich von zu verschrottenden Schadwagen geholt hatte und mit denen nach und nach alle E 69 umgerüstet waren. Zum Abschluß der Arbeiten erhielt die Lok ebenfalls Neulack und kam mit großer Erwartung ab 16. Oktober 1949 zum Einsatz. In den kommenden Wochen sollte der Trafo noch um eine weitere Fahrstufenanzapfung ergänzt werden, die Lok war damit achtstufig. Damit war der Transformator nun jedoch bis in den Grenzbereich gefordert. Im Sommer gab es daher große Probleme mit der Kühlung des Trafoblocks. Daher mußten nun zwischen Trafo und Achsen Flügelbleche eingebaut werden, die den Fahrtwind einfangen und zum Trafo lenken konnten. Diese Vorrichtung wurde nur im Sommer an der Lok belassen, in der kälteren Jahreszeit jedoch abgenommen. Ingesamt war sie durch die Umbauten wesentlich robuster und zuverlässiger geworden und schloß im Jahr 1950 mit 330 Einsatztagen und 67.399 Laufkilometern erstmals weitgehend zu ihren Schwestern 02 (333 Einsatztage/ 66.990 km) und 03 (344 Einsatztage/71.946 km) auf, während die Lok im Vorjahr gerade mal 37.000 Laufkilometer erreichte.

Vier Tage nach diesem umfassenden Umbau der „Vierer" kam am 19. Oktober 1949 schließlich die E 69 02 zur E 3. Hierbei sollte der immer etwas kopfschüttelnd vom Personal vermerkte Grundstein dafür gelegt werden, weswegen E 69 02 immer als die beste und leistungsfähige E 69 (abgesehen vom Sonderling E 69 05) betrachtet wurde, obwohl sie doch eigentlich ihrer Zwillingsschwester 03 gleichen sollte.

Aus dem großen Fundus im Bw gelagerter Motoren, die im zweiten Weltkrieg von München nach Murnau ausgelagert waren, erhielt die Lok die Fahrmotoren EDTM 494/V, bislang verwendet in einem ET 31, eingebaut. Diese hatten mit einer Leistung von 275 kW (im Ver-

Anfang der Fünfziger im Bahnhof Oberammergau: Die E 69 03 wartet abfahrtbereit am Bahnsteig 2, während

69 05 ihren Güterzug gerade fertig rangiert hat.

Am 1. Dezember 1954, sechs Tage nach ihrer Ausmusterung, steht E 69 01 schon recht einsam im AW München-Freimann.

gleich zum EDTM 4 mit 176 kW) deutlich mehr Kraft als die bisherigen Motoren. Durch die begrenzte Trafoleistung konnte die Lok zwar nicht die ganze, faktische 550 kW Motorleistung ausfahren, dennoch zeigten sich die Motoren anzugsstärker und leistungsbereiter als die in E 69 03 und 04 eingebauten Typen. Sie verblieben in den nächsten Jahrzehnten, als in Freimann die Motoren der E 69 03 und 04 ständig getauscht wurden, bei 02 immer in der Maschine. Erst 1978 mußte ein Motor durch nun wieder den EDTM 494/IV aus dem Triebwagen 432 202 ersetzt werden, während Motor Nr. 39134 noch heute in der Lok eingebaut ist und dort fast 1,5 Millionen Kilometer geleistet hat.

Nun aber zurück zur E3 im Jahr 1949 in Murnau: Neben der Motorenumrüstung kamen dabei auch vom AW Augsburg neu angefertigte Radsätze zum Einbau, neue Großzahnräder waren aufgezogen und schließlich auch die „Zweier" frisch lackiert am 14. Januar 1950 wieder auf die Strecke gelassen worden.

Einen Monat später rückte nun auch die E 69 05 ins Bw ein, um sich für die nun unmittelbar bevorstehende Passionszeit zu rüsten. Hier galt es zunächst, auch auf der hinteren Lokseite die bereits früher beschriebenen Rahmenbleche und Platten anzuschweißen. Sämtliche Tatzenlager mußten neu ausgegossen und eine neue Licht-Umformeranlage eingebaut werden. Der Anstrich wurde ebenfalls in Grün erneuert. Ab dem 26. April 1950 stand die Lok wieder im Dienst.

Bereits einige Tage zuvor war auch schon die E 69 04 wieder ins Bw gerufen worden, um eine weitere, ganz spezielle E 69-Einrichtung zu erhalten: Auf der Linie nach Oberammergau liefen ja noch die alten Lokalbahn-Wagengarnituren. Im Passionsverkehr 1950 sollten diese wenigstens nicht mehr mit Gasbeleuchtung verkehren und bekamen daher eine elektrische Lichtanlage. Da es aber zu aufwendig erschien, allen kleinen zwei- und dreiachsigen Wagen eine Licht-Generator-Anlage einzubauen, wie dies bei den moderneren Reichs- und Bundesbahnwagen obligatorisch war, mußten die E 69 diese Aufgabe übernehmen. Alle Loks erhielten daher eine Lichtmaschine, einen Generator und Umformer für die Zugbeleuchtung der Wagen eingebaut. Daher mußte auch eine zusätzliche Kabelanschlußleitung an den Loks angebracht werden, wie sie auf den Fotos der 50er Jahre an den Maschinen erkennbar ist. Somit waren an den E 69 ab dieser Zeit, drei Kabelverbindungen angebracht – für die angesprochene Lichtleitung, die 800 – 1000 V Reichsbahnheizung und die ebenfalls für die Lokalbahnwagen notwendige Heizleitung für 220 V. Nach der E 69 04 und E 69 05 erhielt ab 28. April 1950 die E 69 03 diese zusätzliche Ausrüstung unter den Vorbau eingebaut, anschließend noch die E 69 02.

Ende Juni 1954 wurden die vier bis dato unermüdlich eingesetzten E 69 01 bis 04 im Bw Murnau aufs Abstellgleis rangiert. In einer langen Reihe aus E 69 01, 03, 04 und 02 standen sie nun für Monate untätig herum. Als sie am 6. November 1954 fotografiert wurden, stand der Abtransport ins AW München-Freimann jedoch unmittelbar bevor.

Dergestalt gestärkt gingen die E 69 in den Passionsfahrplan, in dem sie Unterstützung von 14 Maschinen der Dampflokbaureihe 64 fanden. Ein Trafoschaden (Überschlag auf der 5-kV-Seite) setzte aber dann die E 69 05 ab Anfang Juli außer Gefecht. Der Trafo mußte ins AW Freimann geschickt werden, ansonsten verlief der Einsatz im bis dato dichtesten Fahrplangefüge weitgehend störungslos.

Im Laufe des Jahres 1951 erhielten außer E 69 01 alle Loks die DeLimon-Spurkranzschmierung eingebaut. 1952 erreichte E 69 02 mit 84.859 Laufkilometern den höchsten aufgezeichneten Laufleistungswert, den jemals eine E 69 einfuhr, wobei sich ein Durchschnitt von 252 km pro Einsatztag ergab, immerhin zehn Fahrten auf der Strecke! Auch die anderen Loks hielten mit hohen Laufleistungen wacker mit – die ganze E 69-Familie befand sich mit ihren bis zu knapp 50 Jahren offensichtlich in der „Blüte ihres Loklebens".

Doch als E 69 02 am 9. Mai 1953 das Bw Murnau mit frischer E4-Untersuchung verläßt, befindet sich scheinbar schon ihr Todesurteil in den Akten: „E4 auf Anordnung der BD München Dez. 21 nur soweit durchgeführt, daß die Betriebssicherheit der Lok bis ca. 1 Jahr gewährleistet ist, da voraussichtlich ab 4. Oktober 1953 die Lok wegen Umstellung der Strecke Murnau – Oberammergau auf 15 kV außer Betrieb gesetzt wird".

Zumindest das Bw Murnau läßt sich in der Folgezeit noch nicht an der gewohnt liebevollen Pflege ihrer Loks hindern, so erhalten auch E 69 04 und 03 in diesem Jahr E3-Untersuchungen, bei denen sogar abermals der Anstrich erneuert wird. Aber es ist nicht zu übersehen – die Arbeiten zur Umstellung der Strecke auf die übliche Spannung laufen. Nach deren Abschluß scheint die Geschichte der E 69 beendet – mit Ausnahme der E 69 05, die mit ihren gerade mal gut 20 Dienstjahren und ihrer hohen Motorleistung auch in den weiteren Jahren in den Planungen der DB eine Rolle spielen sollte.

So verläßt die Lok Anfang Juli 1953 die heimatliche Idylle in Murnau und wird ins AW Freimann gebracht. Neben den regulären Arbeiten im Rahmen einer E4 werden dort die Umrüstungsarbei-

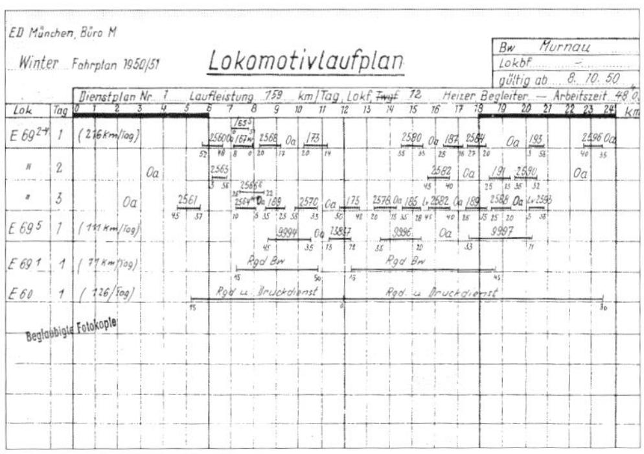

Umlaufplan aus dem Winter 1950/51

ten auf das reguläre Stromsystem der DB ausgeführt. Der Trafo wird auf 15 kV umgewickelt, die Hochspannungskabel erneuert und auf Seite 1 in einen Außenschacht zwischen den Frontfenstern neu eingeführt, sowie sämtliche Dachsicherungen, Isolatoren und Überspannungsableiter erneuert. Neu angebracht wird ein Stromabnehmer der Bauart SBS 9. Bereits am 16. September 1953 unternimmt die Lok zwischen Freimann und Freising ihre erste Fahrt mit eigener Kraft unter dem regulär gespeisten Fahrdraht der Bundesbahn. Im AW trifft sie auf die Garmischer Altbau-Lok E 62 01, mit der sie in Zukunft den Zugverkehr nach Oberammergau teilweise übernehmen soll. Die Kosten für die Untersuchung beliefen sich auf 34.317 DM, wobei die Umrüstungsarbeiten mit 11.520 DM zu Buche schlugen. Als sie am 6. 10. 1953 aus dem AW entlassen wird, reist sie zunächst wieder nach Murnau, wo sie ihre alte Einsatzstätte und das Bw jedoch nicht mehr selbst erreichen kann. Die Lok kommt noch zu einigen Einsätzen im Rangierdienst des Murnauer Staatsbahnhofes, in Nachbarschaft zu ihren älteren Schwestern, doch schon nach einigen Tagen muß die Lok nach nur 617 Laufkilometern wieder ins AW Freimann zurück. Zum ersten, bei weitem aber nicht zum letzten Mal, war dort an den E 69 fehlerhafte Arbeit geleistet worden, die einer Nachbesserung bedurfte. Diesmal war bei der 05 „Feuer unterm Dach", die Isolation der Dachsicherungen war ungenügend und mußte mit Gummiunterlagen verstärkt werden, außerdem mußten die ausgebauten Schraubfedern „reumütig" wieder eingebaut werden.

1954: Ende der Lokalbahn-Romantik

Nach dieser E0a kehrte die Lok am 23. Oktober 1953 erneut nach Murnau zurück, konnte aber nicht mehr vernünftig eingesetzt werden. Nebenan auf der Oberammergauer Strecke herrschte reger Verkehr, aber die E 69 05 konnte nicht mithelfen, im großen Bahnhof rangierte die E 60 – für die umgebaute Fünfer fallen gerade mal zwei Einsatztage im November und vier im Dezember 1953 an. Nachdem die Umstellung der Oberammergauer Strecke sich weiter verzögert, versucht man ab 1. Januar 1954 mit der Umbeheimatung der Lok zum Bw Garmisch eine bessere Auslastung der AW-frischen Lok zu erreichen. Zunächst kommt die Lok auch etwa jeden zweiten Tag zu einigen Rangieraufgaben in Garmisch, im April und Mai 1954 aber bleibt die Lok ungenutzt im Bw abgestellt. Doch langsam nähern sich die Arbeiten zur Systemumstellung der alten Heimatstrecke dem Ende, und am 27. Juni 1954 war dann auch die E 69 05 wieder in ihrer gewohnten Umgebung zu finden. Die Strecke wurde an diesem Tag auf das bundesbahnübliche Stromsystem umgestellt, E 69 05 übernahm, zusammen mit E 62 01 und dem ET 85 23, den Betrieb ins Ammertal. Während nun die „Fünfer", früher als ungeliebte Schaukellok möglichst nur für den Güterzug verwendet, auf der Oberammergauer Strecke nun nahezu täglich zu hohen Laufleistungen kommt, rollen in den Abendstunden des 26. Juni 1954 die E 69 01, 02, 03 und 04 auf das äußere Bw-Freigleis in Murnau und sehen traurig zu, wie nebenan andere Maschinen die ihnen für Jahrzehnte angestammten Dienste versehen.

Für Wochen stehen die alten LAG-Loks noch in Murnau, seit 1. Juli 1954 als z-Loks. Im Laufe des Spätherbstes 1954 gelangte E 69 01 aber ins Bundesbahn-Ausbesserungswerk München-Freimann. Für die Lok die letzte Reise und gleichzeitig der Weg in die Ausmusterung. Am 25. November 1954 wird hinter die Lokgeschichte dieser ersten Vollbahn-E-Lok für Wechselstrom der Schlußstrich nach 49 Betriebsjahren gezogen, die Lok bleibt zunächst hinter der alten Abnahmehalle abgestellt. Angesichts der großen Bedeutung des Lokzwerges für die elektrische Triebfahrzeuggeschichte, wollte man die Lok nicht verschrotten. Vielmehr erfolgte eine Zurückversetzung in den Zustand als LAG 1 und die Lok konnte Ende der 50er Jahre im AW Freimann als Denkmal aufgestellt werden (siehe hierzu das Kapitel „Das Leben danach").

Für die anderen drei Maschinen plante die Bundesbahn im Herbst 1954 nun jedoch aufgrund

Für die beiden E 69 02 und 03 war „Tapetenwechsel" angesagt. Der schwere Rangierdienst im Heidelberger Hbf forderte beide Maschinen. Im Sommer 1956 ist E 69 02 mit Ausnahme der Rangierfunk-Antenne noch ganz im gewohnten „Localbahn"-Zustand, auch die zusätzliche Heizkupplung ist noch montiert.

des hohen Bedarfs an elektrischen Triebfahrzeugen wieder weiter. Nachdem der Umbau der jungen Schwester E 69 05 auf die bundesbahnübliche Spannung ohne große Probleme über die Bühne gegangen war, entschloß die Bahn sich nun auch bei den anderen Maschinen für diese Arbeiten. Die noch immer in Murnau abgestellten Loks E 69 02 bis 04 wurden „verpackt" und Mitte November 1954 ins AW Freimann überführt. Zunächst war E 69 02 in Angriff genommen worden. Der Trafo mußte auf die 15 kV umgewickelt und die Hochspannungseinrichtungen angepaßt werden. Der alte Stromabnehmer der Sonderbauart wurde gegen einen SBS 9, den bundesbahntypischen Altbaulok-Bügel, getauscht, auch die Heizkupplungen abgeändert. So verließ die Lok am 18. März 1955 erstmals mit eigener Kraft das Münchner Ausbesserungswerk nach einer Systemumrüstung, die lediglich gut 20.000 DM gekostet hatte. Sie war nun im gesamten elektrifizierten DB-Netz einsatztauglich. Die Maschine kehrte zum Bw Garmisch, dem sie bereits am 14. April 1954, also noch vor ihrem Umbau, zugeschlagen worden war, zurück. Sie verblieb aber in ihrer alten Heimat Murnau. Hier sollte sie als Unterstützung für die E 69 05 einspringen können, nachdem E 62 01 wegen ihrer Untauglichkeit für die Ammergauer Bahn ihre Karriere bereits beenden mußte. E 69 02 knüpfte auch sogleich an den Fleiß der alten Tage an, war bereits im April an allen 30 Tagen im Dienst und leistete dabei mit 8.718 Laufkilometern den höchsten von E 69 erreichten Monatswert! Gleichzeitig war auch die E 69 05 an 25 Tagen im Einsatz, so daß im Ammertal erneut vor allem E 69 den Zugverkehr beherrschten. Am letzten Tag des Monats mischte dann auch E 69 03 wieder im Revier mit, denn mit dem 28. April 1955 hatte auch sie das AW Freimann umgebaut verlassen können. Auch sie erhielt eine neue Trafowicklung und weitere Anpassungsarbeiten, zusätzlich wurde die Bordanlage samt Sifa und Batterie von 6 Volt auf 24 Volt umgebaut.

Noch einige Tage länger, nämlich bis zum 13. Mai 1955 dauerten die Arbeiten an E 69 04. Dabei entschloß man sich, den bekanntermaßen überforderten Trafo nicht umzuwickeln, sondern einen Austauschtrafo einzubauen. Dieser wurde aus dem Triebwagen ET 56 002a entnommen, wofür die Aufhängungen abgeändert wurden. Damit konnte die Schützensteuerung nun um eine weitere Fahrstufe, die neunte, ergänzt werden. Auch bei E 69 04 erfolgte die Umstelllung der Bordstromversorgung auf 24 Volt.

1955: Ohne E 69 geht's doch nicht

Als die vier verbliebenen E 69 nun Mitte Mai 1955 wieder vollzählig dienstbereit waren, hatte sich die kurze April-Blüte auf der Bahn nach Oberammergau allerdings schon wieder in die Laufplan-Realität zurückentwickelt: Nur E 69 05 kam täglich zum Einsatz, die „Zweier" noch an zwölf Tagen und für die 03 und 04 hatte die Murnauer Einsatzstelle gar keine Verwendung.

Eine Übernahme des Gesamtverkehrs zwischen Murnau und Oberammergau durch die E 69 war nicht vorgesehen, und somit waren die frisch umgebauten Loks in ihrem alten Revier eigentlich überflüssig. Der Maschinendienst der BD München hatte daher ab Fahrplanwechsel am 24. Mai 1955 für zwei Loks neue Aufgaben vorgesehen: E 69 03 und 04 verließen am Tag zuvor ihre alte und kurzzeitig wieder neue Heimat und fuhren über München nach Rosenheim. Dort verabschiedete sich die E 69 04 von ihrer Schwester und fuhr weiter bis Freilassing. Das waren nun die neuen Heimat-Dienststellen der Loks, mit offenen Armen empfingen beide Betriebswerke die Maschinen jedoch offensichtlich nicht.

Und mit Weitsicht war scheinbar auch nicht geplant worden – denn bereits am 20. Juni 1955 verließ die E 69 04 Freilassing wieder, hatte dort gerade mal zehn Arbeitstage ver-

E 69 03 hat im Mai 1959 schon ihren neuen, asymmetrisch angebrachten Stromabnehmer erhalten. Noch ist die Lok in grünem Farbkleid unterwegs.

Im Ammertal schien die Zeit stehen geblieben zu sein. Als E 69 04 am 18. Mai 1959 mit dem P 2582 abfahrbereit im Lokalbahnhof steht, hat sich am Bild der letzten Jahrzehnte praktisch nichts geändert.

buchen können und ersetzte in Rosenheim die E 69 03, die dort immerhin auf 14 Einsätze gekommen war und dabei etwa 1.000 Kilometer leistete. Buchmäßig verblieb die 03 noch bis zum 4. Juli in Rosenheim, traf sich mittlerweile aber schon mit ihrer Zwillingsschwester 02, die nun auch noch aus Murnau abberufen wurde, in München Ost, wo beide Maschinen bis Mitte Juli eine Rangierfunkeinrichtung erhielten.

Zum Stichtag 5. Juli 1955 sollte die Verteilung der Loks nach diesem wenig planmäßigen Hin und Her neu geregelt werden: E 69 04 kehrte wieder zum Bw Garmisch, Außenstelle Murnau, also in die gewohnte Heimat zurück, nachdem sie in Rosenheim auch nur an vier Tagen in Dienst stand. Sie sollte nun wieder auf ihrer alten Stammstrecke zum Einsatz kommen und dabei die E 69 05 in ihren Diensten unterstützen.

Für E 69 02 und 03 aber war großer Tapetenwechsel angesagt: Der alte Kopfbahnhof in Heidelberg war in jahrelanger Bauzeit verlegt und als neuer Durchgangsbahnhof an das elektrische Netz angeschlossen worden. Auch im Rangierbereich wollte man daher auf Dampfloks weitgehend verzichten, und so entschloß sich die Bundesbahn, die beiden baugleichen und leistungsfähigen E 69 02 und 03 an den Neckar zu versetzen.

Die Ammertaler Lokzwerge trafen am 15. Juli 1955 in Heidelberg ein und riefen sicherlich so manches Kopfschütteln bei den eingeteilten Lokführern hervor, die mit diesen Miniloks also nun im harten Rangierbetrieb rund um die Uhr bis zu 15 Wagen zählende Zuggarnituren umsetzen und rangieren mußten. Wie sollte denn das funktionieren? Nun, E 69 03 ging sofort in Betrieb und überzeugte die Skeptiker sehr schnell durch zuverlässige und unerwartet hohe Leistungsstärke. E 69 02 mußte wegen ihrer 6-Volt-Bordausrüstung zunächst noch eine Reserveposition einnehmen, kam nur an wenigen Tagen zum Einsatz und wartete auf Umbauteile. Am 5. August begann im Bw Heidelberg der erneute Umbau der Maschine, wobei im Vorbau 1 ein neuer Batteriekasten für die 24 Volt-Batterie II Go 50 eingebaut wurde.

Die alte Sifa wurde gegen eine 24-Volt-Anlage getauscht, ein zweiter Schnellabschaltknopf beim Zusatzbremsventil eingebaut, ebenso ein Bosch-Scheibenwischer und Windschutzscheiben am Türfenster auf der Führerstandsseite. Kleinere Anpassungsarbeiten, die den harten Rangieralltag für Lok und Lokführer vereinfachen sollten.

Rückblickend kann wohl gesagt werden, das spätestens mit diesen Umrüstungen der Wandel der bayerischen Lokalbahnlok zur im Rahmen

ihrer Leistung allroundtauglichen Bundesbahn-Lok geschafft war.
So präpariert ging E 69 02 am 28. August 1955 in Dienst und überzeugte alle Beteiligten derart, daß fast umgehend entsprechende Umrüstteile für E 69 03 in Auftrag gegeben wurden. Ende November 1955 konnten sie schließlich eingebaut werden.
Nach den Wirren der Jahre 1954/55 war nun also die Odyssee der E 69 beendet, die Rollen klar verteilt. Und vor allem die beiden Heidelberger Loks entwickelten sich in den kommenden Jahren zu unermüdlichen Arbeitstieren mit fast täglichem Einsatz rund um die Uhr. So war im Jahr 1956 beispielsweise E 69 02 an 359, E 69 03 gar an 361 Tagen im Heidelberger Rangierdienst zu finden, ohne „Kalt-Tage" und nur mit den turnusmäßig anfallenden Wartungsarbeiten im Bw. Die Kilometerleistungen pendelten sich dabei im 5.000-km-Bereich pro Monat ein, also niedriger als in besten Ammertal-Zeiten.
Dort kämpften die beiden E 69 04 und 05 mit zunehmender Konkurrenz durch die ET 85. Bis zum Winterfahrplan 1956/57 waren noch etwas mehr als 200 km, also acht Züge auf der Bahn nach Oberammergau für eine Lok eingeplant, doch ab Sommer 1957 beschränkte sich der E 69-Dienst auf den werktäglichen Güterzug. Zwar wurden die Loks gerne für alle anfallenden Sonderarbeiten auf ihrer Heimatstrecke, vom Arbeits- bis zum Zirkuszug und auch weiterhin für den Schadwagenverschub im Bereich der Werkstätte Murnau verwendet, doch konnte dies die beiden Maschinen kaum vernünftig auslasten. So stand vor allem E 69 04 in diesen Jahren mehr herum, als daß sie zum Einsatz kam (1957 z.B. 136 Einsatz- und 179 Kalt-Tage). Ab Herbst 1958 konnten aber wieder zusätzlich zum Güterzug vier Personenzüge bespannt werden, weiterhin leistete eine E 69 einem ET 90 vor dem Personenzug 2575 Leervorspann. So lief eine Lok der Baureihe E 69 wieder in einem Plandienst mit über 200 Laufkilometern, ein Niveau, das bis zum Mai 1960 gehalten wurde.
Unterdessen hatte man in Heidelberg nochmals Hand an die E 69 gelegt. Den „Loks vom Alpenrand" bekam die mit Schadstoffen angereicherte Luft im Industriegebiet Heidelberg/Mannheim nicht, weswegen es mehrfach zu Explosionen der Durchführungsisolationen im Stromabnehmer SBS 9 gekommen war. Das Bw Heidelberg veranlaßte daher den Aufbau des mit einem geerdeten Antrieb ausgestatteten SBS 39. Hierzu mußten die Dachaufbauten jedoch verändert, und der Stromabnehmer nicht mehr mittig auf dem Führerhaus-Dach, sondern nach hinten versetzt, angebracht werden. Hierzu wurden vier Blechwinkel zur Stromabnehmerauflage montiert. Bei E 69 02 wurden diese Arbeiten zwischen dem 2. und 22. Februar 1957 im AW Esslingen im Rahmen einer Unfallausbesserung ausgeführt.
Die Lok entgleiste aufgrund einer Gleiserweiterung, dem ersten einer Reihe von Unfällen, in die beide Loks im harten Rangierbetrieb verwickelt waren.
Doch bevor hiervon zu berichten ist, steht ein Akt der „Familienzusammenführung" in der E 69-Chronik, der wegweisend für die große Beliebtheit der E 69 bei den Eisenbahnfreunden speziell in den 70er Jahren war. Im Herbst 1959 trafen die Schwestern E 69 03 als Heidelberger, und E 69 05 als Garmischer Lok im AW Freimann aufeinander. Beide Maschinen waren zur Hauptuntersuchung fällig und verließen gemeinsam, wenn auch mit unterschiedlichem Reiseziel am 8. Dezember 1959 das Ausbesserungswerk. Entsprechend der damals neu verordneten Praxis, auch elektrische Rangierloks in Rot zu lackieren, erhielten beide Maschinen ein neues, rotes Farbkleid mit gelbem Zierstreifen.
Somit waren beide Lok-Paare in Heidelberg und Garmisch nun mit zwei verschiedenen Farbversionen ausstaffiert: Mit jeweils den grünen E 69 02 und 04 und den beiden neu in Rot lackierten Loks. Diese bunte Mischung machte von nun an den Reiz der E 69-Familie aus, war zu diesem Zeitpunkt aber rein zufällig, was die Auswahl der Maschinen betraf. In den Folgejahren standen keine E3-Revisionen mehr auf dem Programm, so daß ein durchaus möglicher Farbwechsel der grünen Maschinen unterblieb, und später hatte wohl auch die DB Gefallen an der

Grafenaschau in den 60er Jahren: Ganze drei Zweiachser hat die E 69 05 auf dem Wege nach Oberammergau am Haken. Die Straße nach Bad Kohlgrub ist noch leer...

Vielfalt gewonnen und unterließ einen weiteren Wechsel.

1960: In der Heimat nur der „Pausen-Clown"

Zum Sommerfahrplan 1960 kam abermals ein neues Triebfahrzeug auf die Oberammergauer Bahn und ersetzte die nicht ökonomisch einsetzbaren Triebwagen ET 85 und 90 endgültig nach nur sechs Jahren. Sie nahmen aber auch den beiden E 69 zunehmend Leistungen ab: Die fast noch fabrikneuen E 41, vor allem für den Wendezugverkehr der Ballungsräume konzipiert, waren durch verhältnismäßig geringe Achslasten für die Oberammergauer Bahn noch akzeptabel und hielten nun mit Wendezügen im Ammertal Einzug.

Im Passionsfahrplan gingen alle Leistungen auf diese Maschinen über, nur ein Güterzugpaar nach Oberammergau, eine Lokleerfahrt Murnau – Grafenaschau und eine Güterrückleistung verblieben den E 69, was ganze 108 Laufkilometer bedeutete.

Ab Herbst 1960 war die E 69 im Ammertal, zumindest auf dem Papier absolut überflüssig – es wurde kein Umlaufplan erstellt. Die E 41 übernahm den Gesamtverkehr auf der Linie, auch den Güterzug, nachdem der Verkehr auf der Strecke nach Oberammergau stark eingeschränkt wurde und dieser in den Personenumlauf integriert werden konnte. Die E 69-Einsätze brachen daher auch völlig zusammen. Nur für Sonder- und Ersatzleistungen in Murnau abgestellt, kamen die beiden Loks im Herbst 1960 kaum zum Einsatz (04 im Oktober 1960 vier mal, im November acht mal und im Dezember 1960 bei 374 Laufkilometern nur fünf mal, bei 05 nur unwesentlich mehr). So machte sich E 69 05 am 24. November 1960 auf, ihr Glück in der Fremde zu suchen: Lokführer Führmann brachte die Lok nach Treuchtlingen und wies dort gleich auch die Personale ein. Die Fünfer diente in der Folgezeit als Ersatz für die nun abgezogene E 60 im Rangierdienst! Die Lok blieb bis einschließlich Januar 1961 in dieser Dampflok-Hochburg und kehrte dann wieder nach Murnau zurück, wo zumindest im Februar vermehrt Einsätze zu verzeichnen waren. Anfang der 70er Jahre übernahm E 69 05 nochmals diesen Stellvertreter-Job in Treuchtlingen für einige Wochen.

Während auch im weiteren Verlauf des Jahres 1961 bei den beiden Garmischer E 69 Flaute herrschte (E 69 04 kam lediglich auf eine Jahresleistung von 4.077 km!), begann für die beiden Heidelberger Loks eine lange Serie von Unfällen. Zunächst fiel Anfang Mai 1961 die E 69 03 noch „selbstverschuldet" durch einen Kabelbrand aus, am 9. November 1961 aber nach einer Kollision mit einer Dampflok P8 um und zog sich erhebliche Flankenfahrtschäden zu, die fast zur Ausmusterung der Maschine geführt hätten. Im AW Freimann entschied man sich dann allerdings doch zur fast dreimonatigen Aufarbeitung der in Heidelberg dringend benötigten Lok. Am 14. Dezember 1962 erwischte es dann E 69 02 mit einem Unfall, bei dem vor allem die Radsätze und Achslager, sowie der Trafo Schäden davon trugen. Nur ein halbes Jahr später mußte erneut die E 69 03 mit starken Entgleisungsschäden ins AW Esslingen eingeliefert werden.

1964: Rückkehr ins Ammertal

Unterdessen hatten die beiden Garmischer Maschinen ein wesentlich ungefährlicheres, wenn auch wieder arbeitsreicheres Leben in der alten E 69-Heimat. Ab Oktober 1961 war wieder ein Umlauf für eine Lok erstellt worden, der erneut den Güterzug vorsah. Ab Februar 1962 übernahmen die beiden E 69 aber einen großen Teil der E 41-Planleistungen, da die modernen Loks wie-

Im Herbst 1968 ist die mittlerweile älteste DB-Lok, nun bereits als 169 002-3 bezeichnet, in Norddeutschland auf Tournee. Am 29. September 1968 zeigt sie sich zusammen mit ihren Kolleginnen E 32 016 und einer damals dort noch fast ungewohnten E 04 in Osnabrück.

der vermehrt im Großraum München benötigt wurden. Dem trug die BD München dann auch bereits im Sommer 1962 Rechnung, in dem sie nach langer Pause einen zweitägigen Umlauf für die beiden E 69 aufstellte. Plötzlich lief nun wieder der Gesamtverkehr auf der Strecke mit den alten Loks. Die Laufleistungen explodierten dadurch geradewegs, plötzlich kamen beide Maschinen wieder zu einem fast pausenlosen Einsatz, wie bereits im Juli 1962, als jeweils 31 Einsatztage verzeichnet und insgesamt 12.611 Laufkilometer gefahren wurden. Diese Laufleistungen blieben nun auch in den nachfolgenden Fahrplanperioden erhalten, so daß keinerlei Puffer für die fälligen Fristarbeiten oder gar längere Reparaturaufenthalte blieb, ohne Ersatzloks anfordern zu müssen. Es mußte also nach fast zehn Jahren ständigen Hin und Hers in der Triebfahrzeuggestellung für die Bahnstrecke Murnau – Oberammergau nach einer sinnvollen Lösung gesucht werden. Und diese konnte eigentlich nur lauten: Alle E 69 für den rationellen und leistungsgerechten Einsatz auf der Oberammergauer Bahn einzuplanen. Heidelberg mußte also wieder auf seine liebgewordenen Oldtimer aus Bayern verzichten, was mit einem weinenden, aber auch mit einem lachenden Auge gesehen wurde. Als Ersatz kamen nun nämlich aus München E 60 05 und 06, womit für die gestiegenen Anforderungen im Heidelberger Rangierdienst nun leistungsfähigere Loks zur Verfügung standen. Dagegen erforderten die mit Stangenantrieb ausgerüsteten Maschinen deutlich mehr Werkstätten-Versorgung als die unkomplizierten E 69. Dennoch verabschiedete sich E 69 02 bereits am 20. Mai 1964 von ihrer badischen Dienststelle und schleppte die defekte E10 106 und sich selbst ins AW Freimann. Dort war eine E2 fällig, so daß das Wiedersehen mit der alten Heimatsstrecke noch bis Ende Oktober warten mußte. Dagegen hielt E 69 03 noch bis in die letzten Maitage die Stellung in Heidelberg um dann gegen die aus München anreisende E 60 06 getauscht zu werden. Bereits zum Fahrplanwechsel am 1. Juni 1964 rollte die E 69 03 dann wieder durch die Wiesen und Hügel ihrer alten Heimat im Ammertal.

Die wirren zehn Jahre in der E 69-Geschichte waren damit endgültig vorbei. Was mit der Systemumstellung im Juni 1954 zu Ende war, erlebte nun, genau zehn Jahre später, wieder eine Renaissance: Die geradezu einmalige Symbiose einer Eisenbahnstrecke und einer Lokomotiv-Gattung. Mit der E 69 stand nun wieder das ideale und wirtschaftlichste Fahrzeug für den Betrieb auf dieser Linie zur Verfügung. Durch die regelmäßigen Anpassungsumbauten an den Fahrzeugen konnte sich die Unterhaltung dieser eigentlichen Splittergattung relativ gut koordinieren lassen, viele Teile waren mittlerweile durch Regelbaugruppen anderer Triebfahrzeuge kompatibel und somit die Unterhaltung weitgehend wirtschaftlich. Für die Anforderungen der Bahnstrecke reichten die Loks absolut aus, vor allem das Hauptmanko der E 69, die mit 50 km/h relativ niedrige Höchstgeschwindigkeit, war hier ausreichend; die Strecke durfte auch von schnelleren Triebfahrzeugen nicht mit höherem Tempo befahren werden. Die Zugkräfte der E 69 reichten sowohl im Personen- als im normalen Güterverkehr in der Regel problemlos aus.

Somit war die Strecke ab Sommer 1964 wieder fest in der Hand der E 69. Aber in ganz ruhigen Bahnen lief der Betrieb in den kommenden Jahren leider doch nicht – und diesmal rüttelten die Loks selbst etwas an ihrem eigentlich makellosem Image: Im Jahr 1966 kamen sie ganz deutlich in die Krise, eine Serie von Schäden bei allen Maschinen ließ die Ammergauer Bahn über Wochen ganz E 69-frei werden und veranlaßte die DB, dem Bw Garmisch im Laufe des Jahres zwei E 44 zuzuteilen, die als Ersatz für die E 69 der Außenstelle Murnau zugeteilt wurden und in diesem Jahr große Teile des Zugverkehrs übernahmen. Den Anfang der Unglücksserie machte bereits am 17. Dezember 1965 E 69 04 mit einem Bandagenriß im Fahrmotor 2. Als die Lok am 28. Januar 1966 das AW Freiman wieder verlassen konnte, hatten sich dort bereits die Schwesterloks E 69 03 (beide Fahrmotoren defekt) und E 69 05 (Fahrmotor 1 Überschlag und Trafounterbrechung) eingefunden. Beide Maschinen konnten das Werk erst nach monatelanger Reparaturzeit verlassen, E 69 03 kehrte im Juni,

E 69 05 gar erst im August wieder zurück. In diesem Zeitraum mußte E 69 04 von 4. April bis 12. Mai 1966 erneut ins AW, diesmal aber für die fällige U2. Komplett war der E 69-Bestand dann ab 14. April 1966 in Freimann versammelt, als nun auch E 69 02 mit einem kapitalen Fahrmotorschaden eintraf: Fahrmotor 2, Ritzel und Zahnkränze waren stark beschädigt, die Lok mußte 17,5 Monate bis zum 31. Oktober 1967 in Freimann bleiben. Mehr als vier Wochen waren also im Frühjahr 1966 alle E 69 schadhaft im AW. Mit der Rückkehr von E 69 05 am 12. 8. 1966 aus dem AW schien sich die Lage nun langsam wieder zu normalisieren, schließlich standen endlich wieder drei Einsatzloks E 69 zur Verfügung. Doch bereits zwei Wochen später mußte die Lok erneut mit Fahrmotorschaden einrücken und bis Mitte November 1966 ausgebessert werden.

In der Folgezeit normalisierte sich der Schadbestand aber wieder. 1967 war schon kein nennenswerter neuer „Störfall" zu notieren, auch 1968 blieb die Lage weitgehend ruhig. Dagegen erhielten die Loks in diesem Jahr entsprechend der allgemeinen Einführung durch die DB neue, computergerecht aufgebaute Loknummern. Das „E" für Elektroloks wurde zu einer „1", die Seriennummer dreistellig und EDV-bedingt fügte sich eine errechenbare Kontrollziffer an. So lauteten die neuen Betriebsnummern nun 169 002-3, 169 003-1, 169 004-9 und 169 005-6. Eine andere Besonderheit wies schon seit längerem die 169 004 auf: Aus nicht mehr nachvollziehbarem Grund änderte sich die Vorne/Hinten-Klassifizierung der Lok: Aus Seite 1 wurde in den 60er Jahren die Seite 2, aus Seite 2 die Vorderseite. Da die Loks auf der Oberammergauer Bahn immer mit Seite 1 nach Oberammergau fahren sollten, mußte nun bei 169 004 darauf geachtet werden, daß die Lok mit Seite 2 in Murnau abfahren konnte. Diese fixe Seitenvorwahl war darin begründet, daß bei sieben der neun Unterwegsbahnhöfe der Bahnsteig auf der linken Seite angeordnet war und der nicht mittig angeordnete Führerstandstisch sollte sinnvollerweise zur Bahnsteigseite gerichtet sein, um dem Lokführer bei der Abfahrt den Blick auf den Bahnsteig zu ermöglichen. Manchmal kam es nun vor, daß bei den Fristarbeiten in Garmisch und der Ausfahrt

E 69 05 brummt als roter Farbklecks durch die grünen Wiesen des Ammertals. Damit hat sich das grimmige Äußere der Lok ein wenig aufgehellt.

169 003 Mitte der siebziger Jahre in Unterammergau,.

aus der Fristhalle auf der Drehscheibe falsch gedreht wurde. Wenn die Lok dann „falschrum" in Murnau ankam, hatte sie schlechte Karten. Entweder man schickte sie in den nächsten Tagen nochmals nach Garmisch auf die Scheibe, oder die unglückliche Maschine war in den Folgewochen erste Wahl fürs Freigleis vor dem Lokschuppen, also Einsatz nur als Notnagel.
Eine besondere Ehre wurde 169 002 Ende der 60er Jahre zuteil. Nach Ausscheiden einer alten Länderbahn-Dampflok aus dem DB-Betriebsstand rückte die Lok in den Stand als „ältestes Triebfahrzeug der DB" auf, dies, obwohl damals noch zahlreiche Dampfloks bei der Bundesbahn Dienst taten. In der Funktion des Fahrzeug-Oldies kam die Lok von nun an sehr häufig auf Ausstellungen zu repräsentativen Ehren, auf einer großen Deutschlandtour sogar in Hannover und Osnabrück. Andererseits reisten nun alle Newcomer der Bahn nach Murnau, um dort neben der 169 002 in Pose zu stehen, und dabei die Entwicklung der Eisenbahn zu dokumentieren. So ließ sich der erste S-Bahnzug der Reihe 420 ebenso neben der E 69 ablichten, wie die 103 oder der IC-Triebwagen 403.
Die Sommerfahrpläne 1968 und 1969 forderten die Ammergauer Loks besonders. Erstmals seit der Systemumstellung waren sogar drei Loks planmäßig vorgesehen. Zwei Maschinen für die Reisezüge, und eine Zusatzlok für den Übergabezug 9994/9995. Im Winter konnte dieser jedoch jeweils in den Reisezug-Umlauf mit eingebunden werden.
Vom Dienst auf ihrer Heimatstrecke verabschiedete sich am 3. Januar 1969 die 169 003 für drei Jahre! Diesmal war aber keine Umbeheimatung der Grund, sondern ein schwerer Fahrmotorschaden mit Blockade und dadurch beschädigten Radsätzen. Nicht, daß die Reparatur wirklich 1096 Tage gedauert hätte, aber im AW Freimann herrschten gerade andere Prioritäten: Die Inbetriebsetzung der letzten 110, der ersten 103, sowie die Vorbereitung für die Einführung des IC-Verkehrs zum Juni 1971 ließen in den DB-AW gravierende Arbeitsrückstände entstehen. Die Aufarbeitung des Murnauer Lokzwerges mußte daher lange warten. Unterdessen waren aber die anderen drei Maschinen fleißig und ohne bemerkenswerte Störungen im Einsatz.

1970: Start in die letzte Dekade

Zum zweiten Mal verliefen die Passionsspiele 1970 ohne nennenswerte Beteiligung der 169. Erneut, wie schon 1960, übernahmen Wendezüge mit Münchner 141 die Regelzüge, aber auch die

„Rote Welle" am 2. Mai 1975, als sich die Nachmittagszüge N 6617 mit 169 003 aus Murnau und der N 6618

ɔerammergau, geführt von 169 005, in Unterammergau kreuzen.

große Zahl von Sonderzügen. Der Zugverkehr war aber kein Vergleich mehr zu den Ausnahmezuständen, die die Passionsmonate in der ersten Hälfte des Jahrhunderts auf der Bahn bedeuteten. Für die 169 verblieben einmal mehr die Güterzugleistungen, nun als Gz 17994 und 17995 bezeichnet, sowie alle möglichen Sondereinsätze, darunter auch häufig der Transport eines Kurswagen-Paares aus dem dänischen Helsingör quasi als Schnellzug über die Ammergauer Bahn.

Die ruhigere Einsatzzeit wurde genutzt, um an den drei derzeit laufenden Loks der Reihe nach die neuen Hauptuntersuchungen U2 auszuführen. Als erste lief 169 005 bereits im Februar 1970 im AW Freimann ein, das sie nach fast sechs Monaten im Juli wieder verließ. Ihr folgte einen Monat später 169 002, die bis Mitte Dezember im AW blieb, sowie als Abschluß 169 004 ab 8. Dezember 1970.

Die fein geplante Reihenfolge sollte dafür sorgen, daß der derzeit durch den Ausfall von 169 003 knappe Lokbestand nicht unter den Planbedarf gedrückt wurde. Aber nicht zum ersten, und vor allem auch nicht zum letzten Mal zeigte sich, daß die Wartung der E 69 in Freimann nicht im geringsten den Vergleich zu den Untersuchungen in der Werkstätte Murnau standhielt. Obwohl an 169 002 während der Untersuchung natürlich die Fahrmotoren ebenso wie die Batterien laut Ausbesserungsvermerk aufgearbeitet wurden, schaffte die Lok nach ihrem AW-Aufenthalt gerade mal die Fahrt nach Murnau und drei Einsatztage, dann waren genau diese Bauteile wieder schadhaft, die Lok mußte für erneut einen Monat ins AW.

Das Bw Garmisch mußte generell damit kämpfen, daß die Loks in sehr schlechtem Zustand aus dem AW kamen. Nicht selten mußten die Maschinen nach einer Hauptuntersuchung, aus der sie eigentlich in bestem Pflegezustand zurückkehren sollten, erst mühevoll im Bw Garmisch wieder eingestellt und nachgebessert werden. So machten sich die Garmischer auch ein schonendes Einfahren der Loks nach ihrem AW-Aufenthalt zu Eigen, oft wurden die Maschinen nach einer Hauptuntersuchung in den ersten Einsatztagen nur mit dem Mittagszugpaar nach Oberammergau geschickt, und dann wieder aus dem Plan genommen. Man wollte damit vor allem einen richtigen Sitz und Abrieb der Kohlenstücke überwachen.

Die ersten Jahre in den Siebzigern verliefen nun wieder störungslos. Gleich nach der Passion 1970 war die Neubau-Konkurrenz 141 wieder verschwunden, die Baureihe 169 beherrschte wieder den Gesamtverkehr zwischen Murnau und Oberammergau. Nachdem ab Anfang 1972 auch die 169 003 wieder mit von der Partie war, kam es über lange Zeit nicht mehr zu Engpässen in den Umlaufplänen. Vielmehr hielten sich alle E 69 nun über Jahre dem AW Freimann weitgehend fern, lediglich 169 005 erhielt ab Dezember 1973 in Freimann als erste E 69 Indusi eingebaut, da sie gelegentlich zu Sonderaufgaben auf den Hauptbahnen eingesetzt war. Bei der ansonsten als zuverlässigste 169 bekannten „Zweier" begann erstmals im Oktober 1973 eine Serie von Tatzlager- und Achslagerschäden, die die Lok auch noch im November 1973, Dezember 1974 und Mai 1975 für einige Zeit lahmlegte. Begonnen hatte diese Serie mit einem Federbruch des Schmierpolsters, so daß unbemerkt kein Öl mehr auf die Lager gelangte.

1975: Krisenjahre

Ab Sommerfahrplan 1975 strich die Bundesbahn auf der Bahnlinie nach Oberammergau den gesamten Zugverkehr an Sonn- und Feiertagen, bereits ab Samstag 18.06 Uhr ruhte der Zugverkehr. Dadurch sanken Einsatztage und Laufkilometer der Loks ab diesem Termin leicht ab. Ein kleiner Ausgleich konnte aber durch den neu in den Umlauf integrierten Übergabezug 67640 und 67641 zwischen Murnau und Uffing geschaffen werden. Damit erhielten die 169 erstmals in ihrer Geschichte von Murnau aus eine planmäßige Leistung außerhalb ihrer Stammstrecke. Der weitgehend unbeachtet gebliebene Hauptbahneinsatz verblieb bis einschließlich Winterfahrplan 1977/78 im 169-Plan. Ab Sommer 1978 bediente ein mit 160 bespannten Übergabezug Weilheim – Murnau den Tarifpunkt Uffing, so daß der 169-Ausflug wieder entfiel.

Der gewohnte Anblick aller von Murnau nach München Reisenden. Während sie auf ihren Zug warten, schweift der Blick auf den Oberammergauer Zug mit seiner 169. Am 7. Oktober 1973 ist es 169 004, die bald die Fahrt nach Oberammergau antreten wird. Auf diesem Foto ist sehr gut der extrem dunkle Lack der Lok zu erkennen, der nur an einigen Stellen vom normalen DB-Grün überdeckt ist. Im Hintergrund ragt 144 012 ins Bild.

Zum täglichen Arbeitsplan der E 69 in Heidelberg gehörte auch das Rangieren von Güterwagen. Unser Foto aus dem Jahr 1961 zeigt, daß damals Lokführer durchaus noch das reguläre Pensionsalter erreichen konnten.

Man könnte schon fast vermuten, die 169 hätten eine sensible Seele, denn auf den Rückgang ihrer Laufleistungen wegen der Sonntagsruhe, reagierten sie mit „Streik". Ein Vorgang, der sich bei den in der weiteren Lokkarriere noch folgenden Plankürzungen wiederholte. Mit Beginn des Sommerfahrplans 1975 meldeten sich die 169 auf jeden Fall fast geschlossen ab: 169 002 war schon länger mit dem angesprochenen Tatzlagerschaden im AW, 169 003 fiel ab 31. Mai mit Motorschaden aus, 169 004 erlitt am 13. Mai einen Rahmenriß, bei dem der Trafo aus seiner Verankerung rutschte und beschädigt war. 169 005, die als einzige den Fahrplanwechsel noch im aktiven Dienst erlebte, meldete sich schließlich am 6. Juni 1975 mit Motorüberschlag einige Wochen zu früh im AW, um sich dort gleich die fällige U2 abzuholen. Für fast zwei Wochen dominierten Anfang Juni 1975 also mal wieder die 144 auf der Oberammergauer Bahn, ehe sich am 12. Juni die 169 002, am 14. Juni die 169 004 und ab 2. Juli auch die 169 003 wieder zurückmeldeten.

Kurz nachdem Ende September 1975 169 005 frisch hauptuntersucht wieder in Murnau eintraf, brach 169 004 zu ihrer letzten U2 ins AW Freimann auf. In ungewöhnlich kurzer Zeit (meist dauerten die Hauptuntersuchungen für die 169 etwa fünf Monate) von nur sechs Wochen, wurde die Lok von Grund auf überholt und erhielt als zweite Maschine ihrer Gattung Indusi eingebaut. Hierzu mußte allerdings ein zweites Seitenfenster verschlossen werden, um die Relaiskästen, Tacho und Aufzeichungsgerät für die Überwachungsanlage unterbringen zu können. Da die E 69 01 bis 04 ja praktisch rundherum verglast sind, war es schon immer schwierig, alle Instrumente und Leitungen im Führerstand zu montieren. Daher verloren bereits in den 50er Jahren E 69 01, 03 und 04 eines ihrer Seitenfenster. Statt einer Scheibe erhielten sie ein Blech in den Fensterrahmen eingepaßt, und auf der Innenseite konnten nun zusätzliche Funktionsteile montiert werden. Einzige Lok, die auch noch in den 70er Jahren mit allen Fenstern ausgestattet war, blieb 169 002. Als nun bei 169 004 ein weiteres Fenster verschlossen wurde, verschweißte man diesmal jedoch den ganzen Bereich der ursprünglichen Öffnung und ließ den sinnlosen Rahmen wegfallen. Somit entfielen zumindest die unschönen, teilweise sogar mit Schrauben und Nieten versehenen „Blechfenster". Immerhin ein schmaler Streifen normales DB-Grün zierte an dieser Stelle nun den Lack der Vierer, die ansonsten einen ungewöhnlich dunklen und matten Lack trug, der der Lok ein recht finsteres Äußeres verlieh. So frisch untersucht, kam 169 004 Anfang Dezember 1975 zu einer ihr sonst kaum zugebilligten Ehre. Anläßlich einer Ausstellung zum 140-jährigen Jubiläum deutscher Eisenbahnen, durfte sie im Münchner Hauptbahnhof ihre Baureihe repräsentieren. Unter anderem waren auch 044 404 und 191 099 anwesend.

Der Reigen der U2-Untersuchungen ging nach nur kurzer Unterbrechung im Februar 1976 weiter, als nun 169 002 in Freimann eintraf und dort ebenfalls neben der planmäßigen Revision eine Indusi eingebaut bekam. Dabei verlor die Lok die beiden jeweils rechten Seitenfenster. Ab Mai 1976 war die Lok so wieder im Einsatz im Ammertal. Den Schlußpunkt aller regulären Hauptuntersuchungen an der Baureihe 169 setzte schließlich ab Ende September 1976 die 169 003. Zuvor wartete sie jedoch noch die Fahrzeugschau in Murnau und einen gemeinsamen Sonderzugeinsatz von 169 002 und 003 zwischen Garmisch und Oberammergau am 24. September 1976 ab, obwohl die Lok bereits weit über den regulär zulässigen Laufkilometergrenzwert von 200.000 Kilometern gefahren war, und schon fast das Ende der Überschreitungsfrist erreicht hatte. Am 28. September 1976 war die Lok dann aber bereits im AW Freimann eingetroffen.

Auch die 169 003 bekam nun eine Indusi-Einrichtung eingebaut, wobei ein weiteres Seitenfenster verschlossen werden mußte. Bei ihr waren nun die jeweils auf Seite 1 liegenden Fenster verbaut worden, anders als die Diagonal-Anordnung der 169 002. Am 29. Dezember 1976 verließ die Lok in scheinbar bester Verfassung die Tore des AW Freimann, schon freudig in Murnau erwartet.

Waren nun alle Loks mit fast nagelneuen Hauptuntersuchungen und mit besten Zukunftsaussichten versehen, reduzierte sich überraschend

Die klassische Fotostelle bei Murnau Ort gibt Mitte Mai 1977 den Blick auf einen ungewohnten Dreiwagen-Zug nach Oberammergau frei. Eine Reisegruppe benutzte für mehrere Ausflüge im Oberland die DB und so wurde mehrmals ein Zusatzwagen mitgeführt. Natürlich durfte die starke 169 005 diese Leistungen fahren.

schnell der Bestand um eine Lok. 169 003 war erneut im AW Freimann fehlerhaft ausgebessert worden und kam nach ihrer Untersuchung kaum mehr richtig in Fahrt. Am 31. Dezember 1976 wurde sie ab Nachmittag erstmals eingesetzt, mußte aber nach nur wenigen Zugleistungen bereits am 4. Januar 1977 von 169 005 in Oberammergau abgeholt werden. In den kommenden Tagen versuchten die Monteure in Murnau und Garmisch, die Lok wieder vernünftig in Fahrt zu bekommen. Unter anderem gab es gravierende Probleme mit der Motorstromanzeige, die vermuten ließ, daß zu hohe Stromstärken auf den Motor wirken konnten. Mit dem letzten Zug am 13. Januar 1977 stieg die Dreier schließlich wieder in den Plan ein. Bereits am 18. Januar 1977 erlitt sie dann vor dem 6606 einen Motorschaden und mußte nur 3.200 Laufkilometer nach der Hauptuntersuchung erneut ins AW Freimann. Der Zeitpunkt war schlecht gewählt – in diesen Monaten war die DB gerade wenig geneigt, schadhafte Altbaufahrzeuge auszubessern, vielmehr meinte man, leicht auf defekte Loks verzichten zu können. So erwischte es in diesem Zeitraum u.a. auch die ersten Exemplare der Baureihe 104 (020) und 144.5 (508). Auf alle Maschinen wartete die Ausmusterung.

Auch für die gute alte 169 003 schien nun das Ende gekommen zu sein. Am 19. Februar 1977 schrieb das Bw Garmisch besorgt an das Ausbesserungswerk, im Falle einer geplanten Ausmusterung der frisch untersuchten Lok doch lieber einen Motor aus 169 004 auszubauen und diese Maschine auszumustern. „Die Motoren der beiden Triebfahrzeuge haben die gleiche Typenbezeichnung. Der Umbau wäre auf Grund des geringeren Unterhaltungsaufwandes und der geringeren Störanfälligkeit der Lok 169 003 ein wesentlicher Vorteil (169 004 Schützensteuerung)".

AW und zuständiges Maschinenamt ließen die Garmischer zunächst im Ungewissen, wie sie

Wegen der neu eingebauten Indusi verloren die 169 002 bis 004 ab 1975 ein Seitenfenster. 169 004 fährt am 24. September 1976 gerade mit N 6615 aus Murnau in Bad Kohlgrub ein.

Durch das Naturschutzgebiet Pulvermoos, zwischen Ober- und Unterammergau gelegen, bringt 169 005 ihren N 6609 am späten Vormittag des 25. September 1976. Im Hintergrund erstreckt sich das Hörnle-Massiv mit seinen steil abfallenden Grashängen.

Selten hatte die Güterzugleistung in den siebziger Jahren noch so viele Wagen zu befördern, wie hier im Juni 1979, als 169 003 mit dem Üg 67664 Grafenaschau entgegenrollt.

Frühaufsteher konnten jahrelang um 6 Uhr in Oberammergau den halben 169-Bestand fotografieren. Dank eines verspäteten Wintereinbruchs konnte Ende April 1979 auch einmal eine Winterszene mit 169 005 und 169 002 festgehalten werden. 169 005 wird gleich mit dem N 6600 aufbrechen, die „Zweier" folgt eine Stunde später.

sich entscheiden wollten. Doch am 21. Februar erfolgte die z-Stellung der Dreier, offensichtlich war der Kampf um die Lok verloren. Mittlerweile hatte sich auch 169 005 mit einem Ritzel- und Laufwellenbruch im AW eingefunden, den sie sich beim „Schneeschaufeln" zugezogen hatte. Die Lok reiste mit einigen Niederbordwagen durch das gesamte Bw-Gebiet von Garmisch und transportierte Schneeabraum von den Bahnsteigen auf die freie Strecke. Auf der Oberammergauer Bahn waren nun 169 002 und 004 im Dauereinsatz, bei Fristarbeiten an beiden Loks Ende Februar mußten 144 065 und 036 aushelfen. Ende März kam schließlich doch der Bescheid aus dem AW Freimann – der Vorschlag des Bw Garmisch wurde angenommen, die 169 004 sollte für die weitere Karriere der 003 geopfert werden. Zunächst war noch die Rückkehr der 169 005 aus dem AW abzuwarten, die das Werk am 20. April verlassen konnte. „Nichtsahnend" war 169 004 an diesem Tag noch fleißig mit allen ihren Planzügen unterwegs und fuhr am 21. April 1977 den zweiten Morgenzug ab Oberammergau, die Übergabe und das Nachmittagszugpaar 6615 und 6616, dann wurde sie aus dem Plan genommen. Am Morgen des 22. April 1977 bügelte 169 004 an ihrem letzten Lebenstag um 6.52 Uhr in Murnau auf und fuhr mit eigener Kraft bis ins AW Freimann. Mit ihrer Ankunft dort erfolgte die z-Stellung der Lok, gleichzeitig wechselte 169 003 in den Einsatzbestand über. Bereits am 3. Mai 1977 war der Motor eingebaut und die „Dreier" verließ das AW. Daß eine Ausmusterung der 004 eigentlich nur dem „ungünstigen Zeitpunkt" zuzuschreiben ist, wird daraus ersichtlich, daß der in die 003 gespendete Motor ein Jahr später ebenfalls schadhaft war. Als Ersatz wurde dann der alte Motor, der 1977 zur vorübergehenden Abstellung der Dreier führte, wieder repariert eingebaut – ein Jahr zuvor schien eine Reparatur nicht möglich zu sein... Der 169 004 half dies nichts mehr, die Ausmusterung der Lok erfolgte am 29. September 1977 und sie stand bereits seit Ende April 1977 auf dem Lokfriedhof des AW Freimann.

Fortan mußten für den Betrieb nach Oberammergau drei Loks genügen. Kein Problem, denn in den Folgemonaten verrichteten die verbliebenen Loks brav ihren Dienst. Am 15. Juli und am 1. und 2. August 1977 mußten die Maschinen sogar ganz besonders fleißig sein. Züge die seit vielen Jahren nur im Buchfahrplan ein Schattendasein als Bedarfzug fristeten, erwachten nun plötzlich zum Leben: Zugleistungen, die ersatzweise für Buskurse gefahren werden, falls die Busse nicht verkehren können. Durch starke Regenfälle war die Straßenverbindung Bad Kohlgrub – Murnau plötzlich unpassierbar geworden, täglich mußten etwa sechs zusätzliche Zugleistungen erbracht werden. Damit verkehrten nun alle drei Loks der Reihe 169 mit drei Zuggarnituren zwischen Murnau und Oberammergau. Für damalige Verhältnisse ein stetes Kommen und Gehen der Züge, heute mit Stundentakt gehört dies schon eher zum gewohnten Bild.

Ende 1977/Anfang 1978 mußten dann aber die beiden „Roten" mit Motorschäden ins AW einrücken, so daß ab Mitte Februar 1978 nur noch 169 002 einsatzfähig blieb. Da mittlerweile im Bw Garmisch auch der reduzierte 144-Bestand Probleme bereitete, mußte von Nürnberg die 141 371 ausgeliehen werden, die damit, abgesehen von den Passionsperioden, erstmals seit 16 Jahren Pause wieder 141-Planleistungen im Ammertal erbrachte. Allerdings fiel auch diese Lok des öfteren während ihres gut einmonatigen Gastspiels aus, so daß doch einige Male 144 auf die Strecke kamen. Ab 21. März 1978 konnte dann 169 005 die 141 wieder ablösen, und Mitte April war auch die Dreier wieder im Dienst. Doch dieser erneute doppelte Ausfall sollte für die scheinbar etwas labil gewordenen 169 nicht ohne Folgen bleiben. Ab Fahrplanwechsel Sommer 1978 verloren die 169 die Hälfte der Züge an eine Münchner 141. Es entstand ein Mischbetrieb 141/169, was bedeutete, daß es keine speziellen 169- und spezielle 141-Züge gab, sondern Plantag 1 und Plantag 2 wurden abwechselnd von beiden Baureihen gefahren. Wie bereits einmal erwähnt – die sensiblen E 69 reagieren auf derartige Eingriffe in ihr Reservat „beleidigt": So fiel bereits am ersten Tag des neuen Fahrplans bei 169 003 die Sifa aus, und die Lok mußte nach dem 6608 vom Zug. Einige Tage später schlepp-

te sich 169 002 mit dem 6617 zwar pünktlich, aber mühsam nach Oberammergau, für die Rückleistung mußte 169 003 aus Murnau als Lz anreisen. Ein Motorschaden, bei der Zweier eher selten, bescherte der Lok einen längeren Sommerurlaub bis Anfang August. Dabei vermied man im Bw Garmisch, die Lok ins AW zu überführen. Vielmehr forderte man einen Ersatzmotor an, den schließlich am 18. Juli das Heimat-Bw einbauen konnte. Der Motor stammte aus dem Nürnberger 432 202.
Obwohl damit in diesem Sommer überwiegend nur zwei E 69 zur Verfügung standen, ließen es sich diese nicht nehmen, im Juni an sieben, im Juli an zehn, im August an drei und im September an 20 Tagen die 141-Leistungen zu übernehmen. Häufig konnte also im gewohnten 2-Lok-Betrieb mit 169 gefahren werden, während die Plan-141 in Murnau abgestellt war. Im Winterfahrplan 1978/79 blieb zwar der 141/169-Mischplan bestehen, doch die 169 hatten sich ihre Stammstrecke fast komplett wieder zurück erobert. Im Oktober ließ sich nur an acht Tagen eine 141 blicken, im November wurde keine einzige Leistung von 141 gefahren, im Dezember nur an den ersten paar Tagen. Auch im Januar durfte nur deswegen mal für vier Tage eine 141 antreten, weil 169 002 zu den berühmt-berüchtigten Posteraufnahmen ins Bw Freilassing reiste, die wegen anhaltenden Schneefalls trotz vieler zusammengeführter Altbau-E-Loks nicht stattfinden konnten.

1979: Die Konkurrenz schläft nicht

Anfang März 1979 war es dann aber mit diesem erfreulichen Revival der 169 wieder vorbei. Von nun ab für die restliche Laufzeit des Winterfahrplans war dann die planmäßige Neubaulok doch meist in ihrem Umlauf zu finden. Warum aber nach dem zuverlässigen E 69-Dienst in dieser Fahrplanperiode mit Beginn des Sommerfahrplanes 1979 ein völliger Zusammenbruch der Leistungen für die alten Loks stattfand, ließ sich nicht unbedingt nachvollziehen. Der neue Umlauf hatte von Montag bis Donnerstag nur den Übergabezug, sowie das Nachmittags-Zugpaar 6615/6616 vorgesehen, lediglich freitags blieben die Loks ganztägig im Plan, ebenso am Samstag. Dies bedeutete einen Rückgang auf nur 100 km Laufleistung täglich, lediglich am Freitag wurden 175 km, und samstags 150 km erreicht. 141-Ersatzleistungen fielen zwar hin und wieder an, doch keinenfalls mehr in dem Maße der vorherigen Fahrplanperiode. Dagegen verabschiedeten sich die E 69 aus dem Sommerfahrplan mit einer imposanten Sonderzugleistung. Am 29. September 1979 kam der traditionsreiche Rheingold-Zug im Rahmen einer Sonderfahrt nach Oberammergau. Um die schweren Vorkriegswagen über die starken Steigungen zu bringen, waren alle drei Loks nötigt. So zogen 169 002 und 003 gemeinsam, während die Fünfer nachschob. Bei der Rückleistung fungierte 169 002 als Schublok, die beiden roten Maschinen zogen.
Gegen Ende der 70er Jahre waren an 169 002 und 003 die Röhren-Dachsicherungen, die 1955 bei der Umrüstung auf 15 kV neu eingebaut wurden, weitgehend verschlissen. Man bemühte sich im Bw Garmisch daher um eine Umrüstung der Teile. In Zusammenarbeit mit Freimann erhielt man dann für die beiden Loks aus dem Fundus des AW Dachsicherungen der Baureihe E 91, die schließlich das Heimat-Bw einbaute.
Zum Winterfahrplan 1979/80 änderte sich der Einsatzplan der 169 erneut. Weiterhin wurde nur eine Maschine benötigt, doch stieg die Tagesleistung nun wieder auf 200 Kilometer montags, 175 km täglich von Dienstag bis Freitag, sowie noch 75 Kilometer am Samstag. Alle Leistungen sahen dabei Reisezugleistungen vor, der Übergabezug ging auf die 141 über. In der Regel fuhren die Loks in diesem Fahrplan erstmals nicht abwechselnd, sondern eine Maschine zunächst knapp vier Wochen durch. Mit Erreichen der Fristgrenze wechselte nun die nächste Maschine in den Plan. Die planmäßig nicht benötigte Maschine bewältigte aber fast täglich im Bereich des ehemaligen Bw-Murnau den Schadwagenverschub. Dies galt zumindest für 169 002 und 003, 169 005 wechselte angesichts der fehlenden Güterzugleistung und der ungestörten Einsatzbe-

Am 29. September 1979 besuchte der historische „Rheingold" die Strecke nach Oberammergau. Für die sechs schweren Wagen waren alle drei noch vorhandenen 169 erforderlich. Für die Rückleistung haben sich in Oberammergau schon 169 003 und 005 an der Zugspitze und als Schublok 169 002 bereit gemacht.

reitschaft der beiden 169 002 und 003 im Oktober und November 1979 als Reservelok ins Bw Garmisch, nachdem dort mittlerweile keine 144 und 160 mehr zur Verfügung standen. Anfang Dezember 1979 kehrte sie jedoch wieder nach Murnau zurück, hatte sie doch im Bedarfsfalle mit dem Murnauer Klimaschneepflug die Strecke freizuräumen. Für zwei Wochen war sie dann Ende Januar/Anfang Februar 1980 mit dem sogenannten Räumzug im gesamten Bereich des Bw Garmisch unterwegs, der die Schneeberge aus den Bahnhöfen auf die freie Strecke brachte.

Am 23. März 1980 brachen dann die 169 005 und 002 gemeinsam ins AW Freimann auf. Allerdings war es diesmal kein Schaden, der die Loks in den Münchner Norden verschlug. Vielmehr erhielten die beiden Loks, ebenso wie die vier Tage später folgende 169 003, eine völlige Neulackierung in den gewohnten Farben, nach 23 bzw. 21 Jah-

Anläßlich des Jubiläums „75 Jahre Elektrischer Betrieb", das natürlich auf der Oberammergauer Bahn gefeierte wurde, erhielten alle drei 169 eine Neulackierung. Geradezu geblendet von der ungewohnten Schönheit war der Fotograf, als er am 30. März 1980 die 169 005 beim Umsetzen im Endbahnhof festhielt.

ren auch dringend notwendig. Allerdings erfolgte dies nicht im Rahmen einer fälligen Hauptuntersuchung, sondern aus Anlaß einer großen Fahrzeugschau unter dem Motto „75 Jahre Elektrisch", die am 6. April 1980 im Bereich des Lokalbahnhofs und des Bw Murnau stattfand.

169 002 und 005 waren mit einer historischen Plattformwagen-Garnitur auf ihrer Stammlinie unterwegs, ebenso eine 403-Einheit, die damit zum zweiten Mal auf diese Strecke kam. Allerdings war der strahlend neue Lack an den 169 kaum unter den österlichen Schneemassen zu erkennen, die an diesen Tagen vom Himmel gefallen waren. Mit 116 009, 144 002 und E 52 34 gelangten Ausstellungsloks nach Murnau, die früher auf der Garmischer Hauptbahn häufig anzutreffen waren, mit der E 52 kam eine ehemalige Murnauer Lok wieder in ihre alte Heimat.

Optisch in bestem Pflegezustand fuhren die drei 169 nun auf den schon lange im Visier stehenden „Tag X" zu. Im Sommer 1980 fanden wieder Passionsspiele in Oberammergau statt. Das gewohnte Ausscheiden der 169 aus ihrem angestammten Dienst in den Passionsfahrplänen hatten viele Beobachter seit langem schon als den Schlußstrich der E 69-Geschichte angesehen. Es war unwahrscheinlich, daß die Loks nach einer Planpause wieder in ihre alte Aufgabe zurückkehren würden. Die Bundesbahn hatte in den späten 70er Jahren bereits viele Altbau-Baureihen von den Schienen verbannt, darunter die E 16, E 17, E 63 und sogar die Neubauloks E 10.0. Ausgerechnet die ältesten Triebfahrzeuge sollten diesem Trend trotzen?

Ganz „Aus" war es mit Beginn des Sommerfahrplanes 1980 dann aber doch nicht. Die Übergabe nach Oberammergau gewährleistete den 169

einen zumindest regelmäßigen Einsatz. Daneben konnte 169 003 einmal im Reisezugdienst aushelfen, 169 002 und mehrfach 169 005 waren auch mit Dienstgüterzügen im Ammertal unterwegs.
Um so überraschender war dann aber, daß mit Beginn des Winterfahrplans 1980/81 weiterhin 169 auf der Strecke nach Oberammergau verkehrten. Und geradezu sensationell war der Umfang der Leistungen. Das Zugangebot auf der Linie war zum Mai 1980 ja deutlich erhöht worden. Und nachdem diese Angebotsausweitung auch nach den Passionsspielen beibehalten blieb, fanden die 169 nun wieder ein reiches Betätigungsfeld.
Erstmals seit zweieinhalb Jahren benötigte die Zugförderung jetzt wieder zwei Loks planmäßig, daneben noch eine Lok der Baureihe 141. Dabei begann eine 169 um 6.00 Uhr in Oberammergau ihren Dienst und fuhr bis gegen 14 Uhr Reisezüge. Die zweite Lok begann kurz nach 8 Uhr mit dem Übergabezug und blieb bis zum Abendzug mit Ankunft um 19 Uhr in Oberammergau im Plan. Damit erreichten beide Maschinen täglich je 175 Kilometer, also wieder eine deutlich höhere Laufleistung als in den vorhergehenden Fahrplanperioden. Einziger kleiner Wermutstropfen, zumindest für die Eisenbahnfreunde: Samstags war nur eine Lok unterwegs, die bereits gegen 10 Uhr „Dienstschluß" hatte, am wiederbelebten Sonntagsverkehr waren die 169 gar nicht beteiligt, sondern alle Loks in Murnau abgestellt.
Bis Mitte Oktober 1980 weilte 169 005 im AW Freimann, um dort die zweite Fristverlängerung um ein weiteres Jahr zu erhalten. Außerdem waren die Achslagerführungen durchgearbeitet worden, da der Lok ein „schlechter Lauf" bescheinigt worden war. Wenn dies bei der „Fünfer" extra erwähnt wurde, mußte wohl schon ein extrem schlechtes Laufverhalten aufgefallen sein. Erneut arbeitete dabei offensichtich das AW unzureichend, denn schon nach zwei Einsatztagen fiel die Lok mit Motorschaden aus und mußte erneut für gut drei Wochen ins AW einrücken. Die Arbeiter des AW Freimann, denen die Lok in den letzten Jahrzehnten nicht gerade selten unter die Hände kam, werden beim Lokausgang am 20. November 1980 allerdings nicht damit gerechnet haben, daß 169 005 kein Rad mehr in die Hallen des AW Freimann setzen wird...
Ungewohnte Leistungsdichte war im Dezember 1980 zu verzeichnen. Zusammen kamen die drei 169 auf 59 Einsatztage! Dabei war 169 005 häufig mit der Übergabe und auch mit dem Schneepflug im Einsatz, die beiden anderen 169 fuhren brav ihre vielfältigen Planleistungen. Im Januar 1981 kam der Einsatz nochmals arg ins Wanken, nachdem 169 003 mit einem leichten Motorschaden ins AW mußte, während die beiden anderen Loks innerhalb weniger Tage mehrfach von Autos gerammt und somit im Bw Garmisch kleinere Reparaturen nötig wurden. Mitte des Monats waren daher ausnahmsweise einige Planleistungen nicht durch die alten Loks zu bespannen gewesen.
Ansonsten war diese interessante Fahrplanperiode aber durch zuverlässigen Dienst der Reihe 169 geprägt. Dabei fiel auf, das 169 005 ungewohnt häufig mit im Plan lief, praktisch gleichberechtigt mit den beiden anderen Maschinen – eine späte Genugtuung für die häufig stiefmütterlich behandelte Lok. Vielleicht lag's ja auch an dem recht kalten Winter, denn die 005 hatte als einzige E 69 eine hölzerne Führerhausverkleidung und war so recht angenehm temperiert. Dagegen waren die anderen E 69 nicht isoliert. Früher erhielten die Lokführer in Murnau daher auch einen Wintermantel und Pelzstiefel von der Bahn gestellt!

1981: Zielgerade – Der Abschied

Mit dem Mai 1981 brach trotz der erfolgreichen und störungslosen Fahrplanperiode nun der Abschied der alten Lokalbahn-E-Loks von ihrer Heimatstrecke an. Zum Fahrplanwechsel am 31. Mai 1981 erhöhte sich die zulässige Streckenhöchstgeschwindigkeit der Bahn nach Oberammergau abschnittsweise auf 60 km/h. Für die nur 50 km/h schnellen 169 bedeutete dies, daß sie erstmals die geforderten Ansprüche ihrer Hei-

Am 30. Juni 1981 läßt sich 169 003 von der in Oberammergau reparierten 169 005 nach Murnau schleppen, nachdem die „Kleine" noch den Güterzug ins Ammertal gebracht hatte.

matstrecke nicht mehr erfüllen konnten. Zumindest auf dem Papier. Denn in Wirklichkeit passierte nicht mehr, als daß sich aufgrund der teilweise schnelleren Geschwindigkeit die Fahrzeit der Züge um etwa fünf Minuten verkürzte. Mit den nun meist angesetzten 40 Minuten hatten sich die E 69 bis Mitte der 70er Jahre allerdings auch erfolgreich abstrampeln müssen, erst 1977 wurde, auch aufgrund einiger eingerichteter Langsamfahrstellen, die Fahrzeit bis auf in der Regel 46 Minuten gestreckt.

Aber auch diese Rechnerei half nicht; die Ära der alten Loks war vorbei. Zuvor waren am 8., 15. und 18. Mai nochmals alle drei Loks zum Einsatz gekommen. Am 21. Mai 1981 verabschiedete sich 169 003 vorzeitig vom Reisezugdienst im Ammertal, um sich anschließend im Heimat-Bw herausputzen zu lassen. Schließlich sollte sie am 30. Mai 1981 in München Stargast bei der Eröffnung der S7 sein, die auf S-Bahn-Triebwagen umgestellt wurde. Als alte LAG-Lok fuhr sie auf dieser ehemaligen LAG-Paradestrecke einen Sonderzug.

Am selben Tag fuhr 169 005 mit den Zügen 6600, 6603, 6606, 6609 und 6610 die letzten Nahverkehrszüge für die Baureihe 169 auf der Oberammergauer Bahn. Ihr war in diesem Monat auch der seltene Triumph beschieden, im Wettbewerb mit ihren Schwestern die höchste Monatslaufleistung zu erreichen.

169 002, die von allen E 69 am längsten im Ammertal eingesetzt war, hatte am 29. Mai 1981 kurz nach 12 Uhr zum letzten Mal den Bahnhof Oberammergau verlassen – sie sollte nie mehr im Rahmen einer fahrplanmäßigen Fahrt auf ihre alte Strecke zurückkehren dürfen.

Doch ganz war die Geschichte der kleinen Loks auf „ihrer" Bahn noch nicht beendet. Es war wieder einmal das Übergabe-Pärchen, das im Sommerfahrplan 1981 den Einsatz der Loks sicherte. Somit konnte, zumindest bei entsprechender Fracht, noch werktäglich von Montag bis Freitag am Vormittag eine 169 über die Strecke nach

An einem lauschigen Plätzchen vorbei bringt 169 003 ihren Zug nach Altenau.

169 002 mit 6616 bei Scherenau, 9. Dezember 1980.

Oberammergau brummen. Hierzu war 169 005 vorgesehen, außerdem verblieb zunächst 169 002 als Reservelok in Murnau, kam hier aber nicht mehr zum Einsatz.

Dagegen hatte sich an ganz anderer Stelle eine Einsatzmöglichkeit für die Baureihe 169 ergeben. Die Fahrplanplanung hatte es dem Bahnhof Garmisch beschert, daß der jahrelang praktizierte Lokübergang eines Güterzuges aus Mittenwald auf eine Übergabe nach Griesen an der Außerfernbahn Garmisch – Reutte – Kempten im Sommer 1981 nicht mehr klappte. Der Zug aus Mittenwald kam erst an, wenn die Griesener Fuhre bereits abgefahren sein mußte. Somit wurde eine weitere Lok benötigt. Dem in Garmisch zuständigen Laufplanbearbeiter waren die E 69 gute alte Bekannte, und so erkannte er schnell, daß die alten Murnauer Loks den hier geforderten Dienst ohne weiteres bewältigen konnten und damit eine lange Reihe vielfältiger Triebfahrzeuge, die vor dieser Leistung zum Einsatz kamen, verlängerten. Bislang hatten schon 144, 141, 194 und zuletzt eine 218 die Züge gefahren. Die Griesener Übergabe lief in der Hinleistung offiziell als Nahverkehrszug 5426, gebildet aus einem Schnellzugwagen mit Gepäckabteil, sowie den je nach Frachtaufkommen angehängten Güterwagen, meist ein mit Propangas gefüllter Kesselwagen, der in Griesen auf Lkw umgefüllt wurde. Die Rückleistung erfolgte dann als Üg 67677, doch lief auch hier der Personenwagen mit, in dem auch Fahrgäste mitfahren durften. Eigentlich war die Leistung also ein GmP (Güterzug mit Personenbeförderung), den es bei der DB zu diesem Zeitpunkt offiziell aber nicht mehr gab.

169 003 fuhr daher nach ihrer Sonderfahrt in München gleich zu ihrem Heimat-Bw Garmisch durch, um am 2. Juni 1981 als erste E 69 planmäßig auf der Griesener Strecke zu fahren, was ihr in den kommenden Wochen eine Tagesleistung von Montag bis Samstag von jeweils 26 km als Gnadenbrot bescherte – und ein Dach über dem Stromabnehmer; schließlich konnte die Lok, ganz ungewohnt, nach getaner Arbeit im

Im Sommer 1981 war noch immer eine 169 mit dem Güterzug im Ammertal unterwegs. Blühender Löwenzahn und ein Kruzifix bereichern die Szene der ohne Fracht fahrenden 169 005 in Unterammergau.

Lokschuppen übernachten. Nachdem die Auszubildenden im Bw Garmisch damit begannen, als Lehrlingsstück ein Modell der E 69 02 nachzubilden, wurde die 169 003 Mitte Juni gegen 169 002 getauscht, um das „lebende Objekt" vor der Haustüre der Lehrlingswerkstätte zu haben. Damit übernahm nun die „Zweier" für die restlichen Monate die Griesener Leistung.

169 003 dagegen kehrte auf die Freigleise vor dem Murnauer Lokschuppen zurück, um von dort aus die Einsätze der 141 im Personenverkehr der Oberammergauer Bahn und die Fahrten ihrer dicken Schwester 005 vor den Übergaben zu beobachten. Aus dieser Warte mußte sie dann bereits am 19. Juni 81 beobachten, daß ihre Kollegin von der morgendlichen Übergabefahrt ins Ammertal nicht zurückkam. Denn in Oberammergau hatte sich ein recht skurriler Zwischenfall mit der 169 005 ereignet: Wegen Bauarbeiten an der Strecke war der Güterzug bereits seit einigen Tagen als Materialtransport für Schienen genutzt worden. So hatte auch an diesem Tag 169 005 viele Niederbordwagen nach Oberammergau gebracht. Im Endbahnhof wurden diese dann noch mit dort abgestellten Güterwagen gekuppelt, so daß ein schwerer und langer Zug zu rangieren war. Die Kraft der Fünfer hatte dies nicht überfordert, wohl aber die Motoraufhängung des Motors 2. Bei der Anfahrt mit der schweren Last riß sich diese aus den Verankerungen, die Lok machte noch einige Bocksprünge, versprühte Funken und Federn und blieb schließlich mit einem nach innen gekippten, nur von der Sicherheitskette über dem Gleis gehaltenen Motor, auf Höhe der Ausfahrtsignale liegen.

Dort blieb die Lok nun einige Tage stehen, um dann aber auf dem alten Gütergleis 6 abgestellt zu werden, dort wo früher einmal der Lokomotivschuppen stand. Am Ende jenes Monats kam dann ein mobiles Kommando aus Garmisch angereist und reparierte den außergewöhnlichen Schaden vor Ort.

Es soll, so wußten Eisenbahner zu berichten, bei einem ähnlichen Defekt in den 70er Jahren schon einmal entlang der Strecke nach den verlorenen Teilen der Lok gesucht worden sein...

169 003 übernahm bis 30. Juni die Vertretung der Fünfer. An diesem Tag mußte sie bloß die Hinleistung nach Oberammergau fahren. In Oberammergau wartete schon die genesene 169 005 und übernahm bereits die Rückleistung, samt der leer mitfahrenden 003. Von da ab rostete die 169 003 fast am Bw Murnau fest, nur noch zwei Einsatztage fielen im Juli an, der August brachte ihr nicht eine einzige Leistung. Dagegen waren 169 002 im Griesener Umlauf und die 005 im Ammertal brav im Einsatz.

Auch am 20. August 1981, als im Maschinenamt München 1 ein Ausmusterungsantrag für 169 005 ausgefüllt wurde mit der Begründung „Fahrzeug ist nicht mehr wirtschaftlich einsetzbar". Der Hintergrund war klar: Inzwischen stand fest, ein weiterer Einsatz der Baureihe 169 über den Sommerfahrplan 1981 war nicht mehr geplant, nach dem 26. September 1981 wurden die Loks nicht mehr benötigt. Darüber hinaus lief die Untersuchungsfrist der Lok am selben Tag ab, und eine neue Hauptuntersuchung war natürlich nicht geplant. So hatte die Lok noch einige Wochen Gnadenfrist, doch am 11. September 1981 trat auf der Rückleistung vor dem Üg 67664 aus Oberammergau ein unerheblicher Schaden auf. Die Perspektive von maximal zehn weiteren Einsätzen rechtfertigten auch die wenigen notwendigen Handgriffe nicht mehr, die Lok blieb ihre letzten Lebenstage am Bw Murnau abgestellt. Dafür kam 169 003 nun noch zu einigen Fahrten auf ihrer alten Strecke und zur Ehre, die wirklich letzte Lok diese Baureihe zu sein, die auf planmäßige Fahrt durchs Ammertal ging.

Am 25. September stand letztmalig die Übergabe bereit, es war noch ein gedeckter Güterwagen nach Oberammergau zu bringen. Die Rückfahrt lief dann ohne Fracht, ein recht armseeliger Abschied nach 75 Jahren! Damit war eine einmalige Symbiose aus einer Lokomotivbaureihe und ihrer Einsatzstrecke endgültig Vergangenheit. Ein würdiger Abschied war den Loks nicht vergönnt; hätten nicht einige Eisenbahnfreunde zumindest ein Schild mit der Aufschrift „Letzte Fahrt" angebracht, er wäre gänzlich unbemerkt geblieben.

Einen Tag zuvor hatte 169 005 ihr „Leben" als Einsatzlok beendet. Mit Datum vom 24. Septem-

ber 1981 wurde die Lok nun ausgemustert, ohne vorherige z-Stellung – der Fall war klar! Somit mußte sich die Lok schließlich am Morgen des 26. September 1981 von ihrer älteren Schwester 003 an den Haken nehmen lassen. Ein letzter Abschied aus Murnau, die Loks fuhren in das ihnen weitgehend fremde Heimat-Bw Garmisch. Murnau war nun nicht mehr das Murnau, das Eisenbahnfreunde seit Jahrzehnten kannten, nicht mehr die Heimat der E 69. Von nun an herrschte Tristesse und die Eisenbahn-Monotonie der 80er Jahre über dem Staffelsee.
In Garmisch dagegen gab es noch einen letzten Schlußpunkt in der langen Einsatzgeschichte zu erleben. Der auch Samstags verkehrende „GmP" nach Griesen fuhr an diesem 26. September 1981 noch einmal. Und sogar die Heimatzeitung nahm hiervon Kenntnis, zusammen mit einer größeren Zahl von Eisenbahnfreunden, die die letzte Fahrt einer Legende begleiteten. Bei tristem Wetter war 169 002 ein letztes Mal unterwegs, der Zug wurde auf zwei Wagen verstärkt und durfte bei der Rückleistung in Grainau einige Fotohalte machen. Dennoch, nach ungewohnter Einfahrt im Paradegleis 1 kuppelte die Lok um 14.36 Uhr ab und fuhr zum letzten Mal ins Bw, wo bereits die beiden Schwestern 003 und 005 warteten. Auf einem Freigleis wurden nun alle Maschinen in Reih' und Glied abgestellt, die Einsatzgeschichte der E 69 war beendet. So ziemlich, jedenfalls...
Am 8. Oktober 1981 brachte man 169 002 und 003 nach München, dort hatten sie am 10. und 11. Oktober die Aufgabe, Pendelzüge zwischen München Hbf und dem AW Neuaubing zu bespannen. Ein weiterer Zug war mit 104 018 bespannt, ebenfalls einer bereits todgeweihten Altbaulok. Während dieser die Überführung zurück nach Osnabrück wegen eines erlittenen Schadens das Ende brachte, fuhren die beiden E 69 am 12. Oktober ohne Zwischenfall nach Garmisch zurück.
Dennoch erfolgte am nächsten Tag die z-Stellung beider Maschinen. Auf absehbare Zeit war kein Einsatz mehr geplant. Die Loks verbrachten den Winter im Freien. Am 22. November 1981 mußten sie von ihrer Kollegin 169 005 Abschied für immer nehmen, die Fünfer sollte ins AW Neuaubing geschleppt und gesichert abgestellt werden, nachdem sich mehrere Kaufinteressenten gemeldet hatten.
Am 27. Februar 1982 schließlich entschloß sich der Bayerische Localbahn Verein zum Ankauf der Lok, die schließlich gut ein Jahr später in ihre letzte Heimat, das Localbahn-Museum in Bayerisch Eisenstein im Bayerischen Wald überführt wurde. Dort ist die Lok nun, im letzten Betriebszustand, zu besichtigen und bleibt somit der Nachwelt erhalten.

1982: In den letzten Zügen

Große Überraschung dann, als ab 11. März 1982 in Garmisch plötzlich altbekannte E 69-Geräusche zu vernehmen waren. Dort war nämlich die Vorheizanlage ausgefallen, abgestellte Wagen konnten nicht mehr geheizt werden. Daher wurde nun 169 003 ins Bahnhofsvorfeld geschickt, holte sich selbst die zu beheizenden Wagen und rangierte sie um. Dieser ungewöhnliche und wegen der niedrigen Heizleistung der Lok sicherlich keinesfalls sehr erwärmende Einsatz währte fast vier Wochen täglich, bis am 8. April 1982 die Heizanlage wieder einsatzfähig war, die Lok kehrte ins Bw zurück. Doch bereits am 19. Mai war es erneut die Dreier, die um 18.10 Uhr zum Leben erwachte, und als Lz nach München fuhr.
Dort standen am 20. und 22. Mai 1982 jeweils eine Sonderzugfahrt München-Pasing – Herrsching auf dem Plan, veranstaltet vom Eisenbahnclub München ECM. Anschließend kehrte die Maschine wieder nach Garmisch zurück, das sie aber am 21. Juni 1982 mit ihrer Schwester 002 wieder in Richtung München verließ. Am 24. Juni zog die 003 einen Sonderzug für geladene Gäste vom Hauptbahnhof in die Versuchsanstalt Freimann, am 26./27. Juni waren dann beide E 69 vor Pendelzügen in die BZA Versuchsanstalt Freimann eingesetzt.
Am Vormittag des 28. Juni 1982 verließ dann wiederum 169 003 als Zuglok mit der 002 im Gepäck München und fuhr nach Garmisch zurück. Gegen 10.15 Uhr bügelte sie dann im Lokschup-

Auch 169 002 erstrahlte in frischen Farben. Im Mai 1980 fährt sie gerade mit dem N 6620 aus Unterammergau aus. Im Zugverbund läuft ein Eilzugwagen mit. Im Hintergrund ist das Panorama des oberen Ammertal erkennbar – das noch verschneite Laber-Massiv und der zackige Kofel.

Ja wo ist sie denn? – Kaum mehr sichtbar unter den Schneebergen steht 169 005 mit dem Klimaschneepflug im Oberammergauer Bahnhof, 5. Dezember 1980.

pen ab – und damit war die letzte Seite in der Geschichte dieser traditionsreichen E-Lok-Baureihe aufgeschlagen. Ein weiterer Einsatz erfolgte nicht mehr, am 29. Juli 82 wurden beide Loks ausgemustert, verblieben aber bis auf weiteres im Bw Garmisch.

Daß dies aber nur der Schlußpunkt unter der Geschichte als Betriebsloks, nicht aber im Lok-Leben der alten Maschinen war, läßt sich im anschließenden Kapitel „Das Leben danach" verfolgen.

Am Ende der bemerkenswerten Einsatzgeschichte der E 69-Familie ist es gerechtfertigt, ein Resumee zu ziehen. Der ungewöhnlich lange Einsatzzeitraum erübrigt alle Zweifel an der Tauglichkeit der Maschinen. Daß dennoch zeitweise gehäufte AW-Aufenthalte zu registrieren waren, verfälscht das Bild etwas. Die Ausbesserungsdauer der Loks war gegenüber Serienmaschinen deutlich höher, da in der Regel keine Bauteile getauscht wurden, sondern defekte Teile in Handarbeit aufgearbeitet werden mußten, außerdem zeigte das AW Freimann nicht un-

Bei noch strahlendem Sonnenschein setzt sich am 26. September 1981 mit 169 002 zum allerletzten Mal eine 169 vor einen planmäßigen Zug. Mit dem 5426 und 67667 geht es auf die letzte Reise.

Nach Jahren der Abstinenz kehrten die alten E 69 ab 1985 hin und wieder im Rahmen von Sonderfahrten auf ihre alte Heimstrecke zurück. Am 25. Mai 1986 ist die rote 169 003 bei Ramsachleiten unterwegs.

bedingt ein großes E 69-Engagement. Ein Blick auf die Häufigkeit, mit der die Maschinen in ihrer letzten Einsatzdekade, zwischen 1970 und 1981 schadhaft ins AW Freimann einrücken mußten, belegt die Zuverlässigkeit der Loks: 169 002 und 169 003 durchschnittlich alle 28 Monate, 169 004 durchschnittlich alle 48 Monate, lediglich bei 169 005 alle 16 Monate.

Damit bewiesen die Lokomotiven auch in ihren letzten Einsatzjahren eine bemerkenswerte Zuverlässigkeit, im Bw Garmisch galten sie nicht als wesentlich schadanfälliger als die ebenfalls dort beheimateten und als robust bekannten Maschinen der Reihe 144.

Die Unterhaltskosten der Loks waren im Durchschnitt minimal, so benötigte die Werkstätte in den letzten Murnauer Jahren im Monat lediglich etwa 300 DM pro Lok für die Unterhaltung der Maschinen. Hauptuntersuchungen schlugen in den 50er Jahren nur mit etwa 12.000 DM bis 19.000 DM zu Buche. Grundsätzlich hat sich daran auch in den letzten Betriebsjahrzehnten wenig geändert. Auch in Zeiten des Bw Garmisch ließen sich die Fahrzeuge wirtschaftlich und effizient betreiben.

Lokführer und Werkstättendienst standen den kleinen Maschinen über den größten Zeitraum ihres Einsatzes durchweg positiv gegenüber. Natürlich war vor allem zu Murnauer Zeiten die Verbundenheit mit den Maschinen groß. Es gab noch in den 50er Jahren Lokführer, die freiwillig mehr als eine Stunde vor Dienstbeginn antraten, um ihre Lok zu pflegen. Auch in ihren letzten Einsatzjahren zollten die Personale den alten Maschinen durchaus ihre Hochachtung, allerdings war der Kontrast zwischen etwa dem gepolsterten 111-Arbeitsplatz und dem schlichten Führerstand der E 69 inzwischen doch recht groß geworden und nicht nach jedermanns Geschmack. Dennoch, negative Äußerungen waren eher Seltenheit, auch das Personal hatte Respekt vor dieser gelungenen und in ihrer zeitlichen Einsatzeignung wohl unerreichten Lok-Familie.

Mit dem Ausscheiden der Loks ist das Ammertal um eine Attraktion ärmer, die Bundesbahn um eine Facette grauer und die Technikgeschichte um ein lebendiges Beispiel deutscher Wertarbeit beraubt worden. Doch würden nicht nur die ganz spektakulären Exponate der Eisenbahngeschichte, sondern vor allem auch Meilensteine der Bahnentwicklung durch individuelle Förderung von Privat und den Institutionen unterstützt, könnten die beiden, technisch auch heute noch betriebsbereiten E 69 02 und 03 noch über Jahre hinweg in ihrer alten Heimat ein lebendiges Denkmal der deutschen Eisenbahngeschichte abgeben.

Es wäre den Loks, aber auch den Menschen des 21. Jahrhunderts zu wünschen, Vergangenheit erleben zu können.

4. Das „Leben danach“ – keine E 69 wird verschrottet

Die außergewöhnliche Bedeutung der Lokfamilie E 69 schlägt sich auch im Schicksal der Maschinen nach ihrer Außerdienststellung nieder. Während es nicht wenige interessante Lokbaureihen in Deutschland gibt, die nach ihrer Ausmusterung bis auf das letzte Exemplar verschrottet wurden, hatten die Ammergauer Loks ein durchweg erfreulicheres Schicksal. Alle fünf Loks sind bis heute erhalten geblieben, teilweise noch über Jahre hinweg auch als fahrbereites Fahrzeug.

Bekanntlich schied E 69 01 als erste und älteste Lok bereits am 25. November 1954 aus dem Bestand der Bundesbahn, nachdem sie seit Ende Juni 1954 wegen der Systemumstellung in Murnau nicht mehr eingesetzt werden konnte. Bis dahin hatte die Lok eine Laufleistung von etwa 1,5 Millionen Kilometern erreicht. Noch vor ihren Schwesterloks E 69 02 bis E 69 04 kam sie im Lauf des Herbstes 1954 ins Ausbesserungswerk München-Freimann. Dort wurde die Maschine zunächst auf den Gleisen hinter der Halle 14 abgestellt. Schnell war klar, daß eine Lok mit dieser geschichtlichen Bedeutung nicht dem Schneidbrenner zufallen durfte. Erste Planungen sahen eine Unterbringung im Deutschen Museum vor. Aus Platzgründen zerschlug sich dieses Vorhaben jedoch, so daß sich die Bundesbahn entschloß, die Maschine im Gelände des AW Freimann als Denkmal aufzustellen. Daher wurde die Lok nochmals neu lackiert und am 23. Juni 1958 vor der großen E-Lokhalle (Halle 24) auf den Sockel gehoben. Mittlerweile war auch eine Nachbildung des alten Lyra-Bügels angebracht worden, im Laufe der Zeit erhielt die Lok auch alte LAG 1-Schilder. In den siebziger Jahren kam ein Bayerisches Flügelsignal dazu, eine Anstrichauffrischung erfolgte im Sommer 1977, dabei gesellte sich auch eine dem Original nachempfundene Fahrleitung zu diesem Ensemble. Im März 1983 wurde die Lok dann überraschend von ihrem Standplatz gehoben und in die Abnahmehalle (Halle 2) des AW Freimann geschoben. Dies hatte aber nichts mit einer bevorstehenden Neuabnahme der Lok zu tun, sondern zunächst mit einer grundlegenden Sanierung der mittlerweile 25 Jahre im Freien stehenden Lok. Bei dieser Aufarbeitung gingen die Restaurateure nun authentischer als bislang vor, um den Zustand als LAG-Lok herzustellen. Dadurch erhielt die Lok etwa das äußere Erscheinungsbild von 1920, während die Beschriftung allerdings der bei der Anlieferung entsprach. Damals war die Lok jedoch nicht in dunklem Grün gestrichen, wie nun bei der neuerlichen Rekonstruktion. Im Mai 1985 rollte die ehrwürdige LAG 1 dann endlich in die erweiterte Eisenbahn-Abteilung des Deutschen Museums, wo sie nun witterungsgeschützt in Gesellschaft anderer Exponate der Bahngeschichte Zeugnis ihrer Bedeutung ablegen kann.

Letzte Hand wird 1957 an die gerade neu im AW Freimann aufgestellte Denkmalslok LAG I noch gelegt. Auch der alte Stromabnehmer wurde rekonstruiert.

Zwanzig Jahre nach der Aufstellung von E 69 01 gab es dann ein zweites Freiluftdenkmal dieser legendären Ammertaler Lokfamilie. Bekannter-

Noch eine Erinnerung an die Tage des planmäßigen Einsatzes. Wintertraum bei Altenau: 169 003 am 9. Dezember 1980 mit dem Mittagszug nach Oberammergau.

Die letzte Station für die alte LAG-Lok wird schließlich im Mai 1985 das Deutsche Museum in München. Dort darf die Lok nun witterungsgeschützt ihre Bedeutung für den elektrischen Zugverkehr in Europa bezeugen.

maßen war 169 004 als zweite Lok ihrer Baureihe im April 1977 als Ersatzteilspender abgestellt und am 29. September 1977 ausgemustert worden.

Genau ein Jahr nach ihrem Abschied aus Murnau gelangte die Lok dann aber wieder ans Licht der Öffentlichkeit. Auf einem Straßenroller zuckelte sie durch München, um vor dem Verwaltungsgebäude des Bundesbahn-Zentralamtes in der Arnulfstraße als Denkmal aufgestellt zu werden. Hier erhielt die Lok angesichts ihrer bemerkenswerten Geschichte, die ja bis ins Jahr 1901 zurückreichte, einen Ehrenplatz. Insgesamt fehlte es der Lok, die in etwas „wirrem" Zustand restauriert wurde (Indusi-Magnet, V- und H-Beschriftung, nie getragene Lokschilder und Loklaternen, Beschriftung wie in den siebziger Jahren), in ihrer Münchner Zeit nicht an guter Pflege, so erhielt die Lok bereits Anfang der achtziger Jahre eine Anstrichauffrischung. Verschiedene Bauprojekte im Umkreis des Münchner Hauptbahnhofes ließen dann aber Mitte der neunziger Jahre das weitere Schicksal der Lok ungewiß werden. Bald war absehbar, daß die Lok binnen kurz oder lang ihren Platz würde räumen müssen. Ein weiterer musealer Erhalt war nicht mehr gesichert. Kurzentschlossen holten daher engagierte Eisenbahnfreunde aus dem Murnauer Raum die Lok in der Nacht von 1. auf 2. September 1997 mit einem Lkw-Tieflader ab und transportierten die Lok in ihre alte Heimat. Nahezu unbemerkt hatten die Enthusiasten oberhalb des Murnauer Bahnhofes, genau auf Höhe des alten Lokalbahnhofes in einer Grünfläche ein Schotterbett angelegt. Zumindest hierzu hatte die Gemeinde Murnau kurzentschlossen zugestimmt, nachdem zuvor langwierige Verhandlungen zur Aufstellung der Lok zu keinem Ergebnis geführt hatten. Bereits im Morgengrauen des 2. September 1997 stand die Lok dann auf ihrem neuen Standplatz. Allerdings befindet sich die Lok mittlerweile in bedenklichem Zustand. In den Blechverbindungen nagt der Rost, der Lack ist ermattet und auch fast ein Jahr nach der Aufstellung war noch nichts an der Lok getan. Das weitere Schicksal der Lok liegt nun in den Händen der Garmischer E 69-BSW-Gruppe, die nicht versäumen darf, den Erhalt der Lok schnellstens zu sichern. Sonst wird die prinzipiell erfreuliche Rückkkehr einer E 69 nach Murnau bald mit einem Schrotthaufen enden.

Mit dem Planende der Baureihe 169 im Herbst 1981 schied nun auch die 169 005 am 24. September 1981 aus dem Betriebsbestand der Bundesbahn aus. Das weitere Schicksal dieser Lok

Auch die Außerfernbahn nach Reutte in Tirol stand gelegentlich auf dem Programm der Museums-E 69. Am I
Das Heu der frisch gemähten Wiese ist zum Trocknen auf „Stanka“ gehängt worden, eine vor allem rund um

ıni 1988 sind die beiden Loks bei Leermoos unterwegs.
ẓspitze (im Hintergrund) verbreitete Einfuhr-Tradition.

schien eigentlich ziemlich unweigerlich mit der Verschrottung zu enden. Schließlich war die Lok mit Baujahr 1930 keineswegs mehr eine Pioniertat der Lok-Konstrukteure und hatte schon zu Lebzeiten den Ruf eines wenig charmanten Arbeitstieres. Eine unmittelbare Veranlassung, die Lok zu erhalten, schien nicht zu bestehen. Dennoch interessierten sich bereits kurz nach der Ausmusterung der Eisenbahnclub München (heute: Bayerisches Eisenbahn Museum, Nördlingen), sowie der Bayerische Localbahn Verein, Tegernsee für die Maschine. Als sich dies konkretisierte, gelangte die Lok ins AW Neuaubing, wo die Bahn bereits mehrere „auf Eis liegende" potentielle Museumsfahrzeuge gesichert abgestellt hatte. Am 27. Februar 1982 entschieden sich die Mitglieder des Bayerischen Localbahn Vereins (BLV) zum Ankauf der Lok. Ihren ersten Auftritt konnte die Maschine dann bei der Bahnhofs-Kirta im Herbst 1982 in Tegernsee feiern. In den kommenden Wochen stand sie dann auf einem Abstellgleis des Bahnhof Schaftlach, ehe 1983 eine Überführungsfahrt von mehreren Exponaten des BLV aus Tegernsee und München genutzt wurde, die Lok in ihre neue Heimat, Bayerisch Eisenstein, direkt am Eisernen Vorhang zur Tschechoslowakei gelegen, zu bringen. Im dortigen Lokschuppen entstand in den nächsten Jahren ein Localbahnmuseum, in dem zahlreiche Fahrzeuge der bayerischen Eisenbahngeschichte gezeigt werden. Zunächst mußte die 169 005 noch einige Jahre hinter Stacheldraht und Zäunen im Freien verbringen. Als jedoch Ende der achtziger Jahre die Restaurierung des Lokschuppen abgeschlossen war, konnte die Lok in dessen Halle einziehen. Seither ist sie dort, immer noch im unveränderten Zustand ihrer letzten Betriebstage, fernab der Heimat zu besichtigen.
Schon 1978, als 169 002 noch fleißig im Ammertal unterwegs war, fand die Lok Aufnahme in die Liste zu erhaltender Eisenbahnfahrzeuge. Die Bundesbahn hatte daraus gelernt, daß sie vor allem zahlreiche Dampflokbaureihen bis zum letzten Exemplar verschrottet und der Nachwelt vorenthalten hatte. So legte man eine Aufstellung von Fahrzeugen an, die nach ihrer Ausmusterung nicht verschrottet werden durften. Als nun im

Die einzige Rückkehr der E 69 im gewohnten Stil der siebziger Jahre auf die Oberammergauer Bahn fand am 17. August 1991 statt. Der Autor dieses Buches hatte eine Fahrt organisiert, die mit zwei Silberlingen und teilweise nach Original-Fahrplan abgewickelt wurde. Die Sonne strahlte aus einem wolkenlosen Himmel. Bei Scherenau kommt E 69 03 daher, als wäre es immer so gewesen. War es jemals anders?

Mit einem Auge zwinkert E 69 03 am Abend des 12. Januar 1997 dem Fotografen zu: „Vielleicht komme ich wieder“. In einigen Minuten senkt sich der Bügel ein letztes Mal, dann ist die Einsatzgeschichte der alten LAG-Loks beendet.

Laufe des Jahre 1982 die letzten beiden E 69 ausgemustert wurden, blieben sowohl die bereits „vorgemerkte“ Museumslok 169 002, als auch 169 003, ihre unzertrennliche Schwesterlok, zunächst im Betriebswerk Garmisch abgestellt. Der Zeitpunkt war nicht ungünstig, schließlich war das große Jubiläum „150 Jahre Deutsche Eisenbahn“ schon in Sichtweite, und die Bundesbahn wollte sich zu diesem Anlaß ungewohnt traditionsbewußt präsentieren. Daher blieben beide 169 zunächst unangetastet in Garmisch hinterstellt. Im Mai 1983 waren die Loks anläßlich einer Fahrzeugschau im dortigen Betriebswerk sogar einmal wieder in der Öffentlichkeit zu sehen.

Mittlerweile hatte die Bahn auch ihr Programm für die Jubiläumsfeierlichkeiten 1985 zusammengestellt. Darin wurde der Aufbau eines betriebsfähigen Museums-Fahrzeugparks beschlos-

sen, dem zahlreiche historisch wertvolle Altbau-Loks angehörten, die teilweise aus schrottreifem Zustand wieder fahrfähig hergerichtet wurden. Auch die beiden Ammertal-Loks 169 002 und 003 waren in dieser „Ahnengalerie" enthalten, eine Wiederinbetriebsetzung angesichts des technisch betriebsbereiten Zustandes auch kein Problem.
So kam ab 1984 wieder Bewegung in die beiden alten LAG-Loks, wenn auch noch nicht gerade mit eigener Kraft. Im Juni 1984 kam 169 003 bis nach Würzburg, wo sich die DB mit einer Fahrzeugparade von ihren letzten Altbau-E-Loks der Reihen 118 und 144 verabschiedete. Auch die Schwester 002 verließ ihr Garmischer Domizil, und war auf Ausstellungen in Ansbach (Juli 1984) und Bamberg (September 1984) zu sehen. Im Oktober 1984 trafen sich die beiden Loks dann im AW Freimann wieder. Dort begann im Winter 1985 zunächst die Aufarbeitung der 169 003 als DB-Museumslok. Dabei unterzog das Werk die Maschine einer regulären U2, samt Anstricherneuerung. Entsprechend der geforderteten Ausstattung für betriebsfähige DB-Museumsloks erhielt sie auch Zugbahnfunk eingebaut. Außerdem mußte an der Stirnseite des Vorbaues eine UIC-Steckdose angebracht werden, unschön auf einen freistehenden Winkel montiert. Notwendig war diese Maßnahme, um die geforderte Norm-Höhe zu erreichen. Bei der Neulackierung im schönsten Rangierlok-Rot waren leider der Zierstreifen und die Beschriftung in Weiß ausgeführt worden, während dies bislang im wesentlich harmonischeren Gelb lackiert war. Ansonsten präsentierte sich die Lok, als sie frisch untersucht das AW Freimann am 15. Mai 1985 verließ, in bestem Pflegezustand und repräsentierte das Erscheinungsbild der siebziger Jahre, also mit EDV-gerechter Nummer. Bereits am 18./19. Mai 1985 konnte sie in Wolfratshausen auf einer Ausstellung bewundert werden, anschließend kehrte sie in ihre Heimat Garmisch zurück.
Gleich nach Abschluß der Untersuchung an 169 003 nahm das AW Freimann die 169 002 in Arbeit. Bei ihr erfolgten die gleichen Arbeiten wie zuvor bei ihrer Schwester, entsprechend dem fortgeführten Revisionszyklus im Rahmen einer U3. Die Lok erhielt die Beschriftung als

Knapp 20 Jahre konnte man E 69 04 vor dem Verwaltungsgebäude des Zentralamtes München in der Münchner Arnulfstraße bewundern. Im Juli 1980 war sie gerade renoviert worden.

E 69 02, mit der sie am 6. August 1985 das AW verließ. Bei der Überführung ins Bw Garmisch erlitt sie jedoch zwischen Tutzing und Diemendorf einen Heißläufer und mußte nochmals für ein paar Tage zur Nachbesserung ins AW Freimann. Am 14. August traf sie dann im Zugspitzort ein.

In den Morgenstunden des 2. September 1997 kehrt die E 69 04 in ihre alte Heimat zurück. Mit dem blauen Tieflader aus München angerollt, schwebt sie nun am großen Kran auf ihren neuen Standplatz vor den Murnauer Bahnhöfen.

Dort waren die beiden Museumsloks nun stationiert, betreut von einer Freizeitgruppe des Bundesbahn-Sozialwerks. Für die kommenden Wochen stand nun ein dichtes Einsatzprogramm auf dem Plan:

- 17./18.08.85: jeweils zwölf Pendelzüge Garmisch-Farchant mit E 69 02 und 169 003
- 26.08.85: Umzeichnung der 169 003 in E 69 03
- 31.08/01.09.85: jeweils sechs Zugpaare Murnau – Oberammergau mit beiden Loks
- 7./8./14./15./21./22.09.85: Teilnahme auf der großen Fahrzeuparade in Nürnberg von E 69 02
- 07./08.09.85: Pendelfahrten Rosenheim – Heufeld mit E 69 03
- 30.09.85: Pendelfahrten bei München-Großhesselohe mit E 69 03 und E 44 119
- Oktober 85: E 69 02 auf der großen Fahrzeugausstellung in Bochum
- 19.10.85: Pendelfahrten München Hbf – München Freimann E 69 02 und 03
- 20.10.85: Pendelfahrten München Hbf – München Freimann E 69 03 und E 91 99
- 26./27.10.85: Pendelfahrten Fürstenfeldbruck – Grafrath E 69 02 und E 18 08
- 07./08.12.85: E 69 02 auf Ausstellung in Fürth.

In ihrem ersten Jahr als Museumslok kamen die Loks damit auf hohe Laufleistungen und zahlreiche Einsatztage. Doch leider erfüllten sich die großen Erwartungen an die goldene Zukunft als betriebsbereite Traditionsloks nicht. Wie bei allen 1985 mit soviel Glanz und Gloria wiederbelebten Museumsloks, bereiteten in den Folgejahren die Rahmenbedingungen der Bahn größte Probleme. Die in Rechnung gestellten Kosten und der bürokratische Aufwand bei Sonderzugfahrten, stellten in vielen Fällen unüberwindbare Hürden dar. Viele geplante Fahrten endeten in diesem Dschungel. So fielen die Einsätze 1986 bereits deutlich ab. In den Folgejahren gestaltete es sich zunehmend schwieriger, die Loks einzusetzen. Erschwerend kam hinzu, daß die Oberammergauer Strecke durch den Bahnhofsrückbau kaum mehr mit Sonderzügen befahren werden konnte, die klassische Einsatzstrecke für die beiden Ammergauer Loks also als Einsatzziel weitgehend flachfiel. Außerdem bewies man seitens der verantwortlichen BSW-Gruppe in Garmisch auch wenig Phantasie, die Loks erfolgreich einzusetzen. Vielmehr fuhren die Loks weitgehend nur auf Bestellung Dritter, eigene Fahrtenkonzepte entwickelte die Gruppe kaum. Somit standen die beiden Loks fast ständig im Garmischer Lokschuppen herum, die Einsätze gingen in den Keller.

Die Fahrten beschränkten sich dabei in der Regel auf den Umkreis des Heimat-Betriebswerkes. Einige Male gelangten die Lok ins Ausland, über die Außerfernbahn ins Tiroler Reutte. Häufiger befahren wurde die Strecke nach Mittenwald, oft auch als Schublok für Sonderfahrten mit E 18 08.

Interessante Einsätze der E 69 – Museumsloks

25.05.86	Pendelfahrten Murnau – Bad Kohlgrub	E 69 02/E 69 03
05.10.86	Pendelfahrten Höllriegelskreuth – Wolfratshausen	E 69 02/E 69 03
18.06.88	Garmisch-Partenkirchen – Reutte i.Tirol	E 69 02/E 69 03
06.88	Überführung und Führerstandmitfahrten Koblenz	E 69 02/E 69 03
11.02.90	Garmisch-Partenkirchen – Reutte i.Tirol	E 69 02
17.08.91	Garmisch – Oberammergau – Kohlgrub – Oberammergau – Garmisch-Partenkirchen	E 69 03
19.07.92	Garmisch-Partenkirchen – Mittenwald	E 69 03
21.11.92	Garmisch-Partenkirchen – Mittenwald	E 69 02
14.02.93	Garmisch-Partenkirchen – Mittenwald	E 69 02 Schub
11.06.94	Garmisch-Partenkirchen – Klais	E 69 02 mit E 18 08
02.07.94	Garmisch-Partenkirchen – Murnau – Mittenwald	E 69 02
14.08.94	Garmisch-Partenkirchen – Oberammergau	E 69 02
19.02.95	Garmisch-Partenkirchen – Mittenwald	E 69 03
23.04.95	Garmisch-Partenkirchen – Reutte i.Tirol	E 69 02/E 69 03
12.01.97	Garmisch-Partenkirchen – Mittenwald	E 69 02/E 69 03 mit E 18 08

Gelegentlich fanden auch auf der Strecke nach Oberammergau nochmals E 69-Fahrten statt. Die weiteste Reise führte im Juli 1988 nach Koblenz. E 69 02 schleppte sich und ihre Schwester bis an den Rhein und wieder zurück, um dort auf einer Fahrzeugschau für Führerstandsfahrten zur Verfügung zu stehen.
Bereits mit Ablauf der 8-Jahres-Untersuchungsfrist im Mai (E 69 03) beziehungsweise August (E 69 02) 1993 rechneten die „gut unterrichteten Kreise" mit einem Einsatz-Ende der kleinen Loks. Die kurz zuvor auch für Museumsloks erlaubte, vereinfachte Untersuchung B1 konnte jedoch auch für die beiden E 69 angewandt werden. Dadurch verlängerten sich die Fristen der Maschinen nochmals um vier Jahre. Kaum waren die beiden Loks am 21. Dezember 1993 im Werk München untersucht worden, kam jedoch für die meisten DB-Museumsloks ein kurzzeitiger Stop, da die Luftbehälter untersucht werden mußten. Somit waren die Loks nochmals bis zum März 1994 in München festgehalten. Danach standen sie wieder für Sonderfahrten bereit. Doch auch in dieser Schonfrist setzte sich der Trend der letzten Jahre fort – Einsätze erfolgten immer spartanischer.
Paradoxe Züge bekam die ganze Angelegenheit dann im Jahr 1997. Mittlerweile war klar, daß die Bahn AG nicht mehr bereit war, für ihre Traditionsfahrzeuge auch nur eine müde Mark zu investieren, wenn diese nicht in hohem Maße Gewinn einfahren würden. Dies war aber nur einem kleinen Teil der Fahrzeuge, einigen Dampfloks und den Triebwagen, möglich. Für alle Altbau-E-Loks, die im Museumspark der DB bereit standen, war dies illusorisch. Und so mußten mit den nun der Reihe nach ablaufenden Fristen auch schon Museumsloks mit hohen Laufleistungen wie E 18 03 (bis zu 21.000 Laufkilometer pro Jahr), E 18 047 (bis zu 13.220 km), E 44 002 (max. 4.953 km) und sogar der Triebwagen ET 430, der Jahr für Jahr um die 30.000 Laufkilometer einfuhr, aufs Abstellgleis. Ganz klar, daß unter solchen Rahmenbedingungen an eine neue Untersuchung für unsere beiden E 69 nicht zu denken war. Somit war das Jahr 1997 der letzte Schlußpunkt in der E 69-Einsatzgeschich-

Laufleistungen der E 69-Museumsloks

	169 002		169 003	
1985	16x	2553 km	21x	2789 km
1986	5x	629 km	7x	576 km
1987	5x	442 km	3x	170 km
1988	11x	2296 km	7x	586 km
1989	4x	332 km	2x	63 km
1990	7x	507 km	3x	268 km
1991	1x	112 km	1x	130 km
1992	3x	134 km	1x	38 km
1993	3x	136 km	1x	100 km
1994	6x	457 km	4x	219 km
1995	3x	312 km	3x	141 km
1996	1x	46 km	1x	20 km
1997	1x	38 km	1x	40 km
Gesamt		**7994 km**		**5140 km**

te. Am 17. Januar 1997 konnten nochmals beide Loks aus dem Lokschuppen ausrücken. Der Veranstalter Brenzbahn Verkehrsgesellschaft schickte einen langen Sonderzug aus Stuttgart bis nach Mittenwald. Da der Zug die Grenzlast für den Abschnitt Garmisch – Mittenwald überschritt, mußte der Zuglok E 18 08 durch beide E 69 über den Berg geholfen werden. Bei herrlichstem Winterwetter setzte sich daher E 69 02 vor die Münchner E 18, während die E 69 03 hinten kräftig anschob. Bei der Rückleistung, der allerletzten von E 69 gefahrenen Zugfahrt, führte E 69 03, während die 02 am Schluß mitlief. Gegen halb sechs Uhr Abends verschwanden die beiden E 69 dann im Garmischer Lokschuppen, den sie voraussichtlich nie mehr mit eigener Kraft verlassen dürfen…
Eigentlich bemühten sich verschiedene Eisenbahnfreunde aber noch um einen würdigen Abschied für die beiden Loks. Doch die DB war sich nicht mal in der Bewertung der Untersuchungsfristen im Klaren. Tatsächlich endete die amtlich zulässige Betriebserlaubnis der Loks am 14. Mai 1997 für E 69 03 (zwölf Jahre nach der letzten Untersuchung) und am 5. August für E 69 02. Andere Stellen meinten jedoch, die Zwölfjahresfrist endet vier Jahre nach der B1, also am 22. Dezember 1997. Unter diesem Wirrwar kam nun keine Fahrt mehr zustande. Besonders enttäuschend: Auch die betreuende BSW-Gruppe hatte

es nicht verstanden, den Loks noch einen vernünftigen Abschied zu gestalten. Abwartend wie immer hatte man dort agiert – und dabei auch noch den endgültigen Fristablauf verpaßt.

Nun stehen die Loks, technisch vollkommen einsatzbereit, im Garmischer Lokschuppen, der mittlerweile als Außenstelle des Verkehrsmuseums Nürnberg auch weitere, nicht fahrbereite Traditionsloks (E 16 09, E 63 05, E 91 99 u.a.) beherbergt. Kurzfristig ist dieser Standort gesichert, doch spätestens wenn ein Investor im Garmischer Bereich ein größeres Grundstück benötigt, ist die Zukunft des von der Bahn selbst nicht mehr benötigten Areals sicherlich schnell gefährdet. Seit 1997 veranstalten die betreuenden Gruppen zumindest mehrmals jährlich Tage der offenen Tür, an denen die Fahrzeuge besichtigt werden können.

Es ist bedauerlich und unverständlich, daß es nicht möglich sein soll, die weitgehend kostenneutral zu unterhaltenden letzten E 69, die ersten Vertreter einer fast 100 Jahre alten E-Lok-Geschichte in Deutschland, nicht länger betriebsfähig zu unterhalten. Die beiden Loks haben seit ihrer letzten umfassenden Untersuchung lediglich drei Prozent (!) der zulässigen 200.000 Laufkilometer gefahren, nicht einmal die Monatsleistung der fünfziger Jahre. Sicherlich setzt die Eisenbahn Betriebsordnung nun mal auch eine Zeitfrist, doch ist offensichtlich, daß sich die Loks in nahezu frisch untersuchtem Zustand befinden. Mit ein wenig Traditionsbewußtsein, realitätsnaher Handhabung einer neuen Hauptuntersuchung und beharrlichem Engagement der beteiligten BSW-Gruppe wäre eine weitere Betriebsbereitschaft der Loks für die nächsten Jahre vielleicht doch zu erreichen gewesen. Doch ohne ein Bemühen darum konnte natürlich nichts bewegt werden, lebendige Lokomotiven sind zu totem Metall geworden.

Doch die Baureihe E 69 hat „Stehaufmännchen-Mentalität". Vielleicht geschieht ja doch noch ein Wunder, vielleicht ist das bevorstehende 100jährige Jubiläum der Oberammergauer Bahn im Jahr 2000, oder 100 Jahre elektrischer Betrieb im Ammertal (2005) Anlaß genug, die alten Maschinen wieder zum Leben zu erwecken. Dies hat aber nur Sinn, wenn man sich gleichzeitig Gedanken über einen regelmäßigen Einsatz macht. Warum sollte denn nicht in der Urlaubszeit an mehreren Wochenenden ein Traditionszug über die Oberammergauer Bahn verkehren. Für Urlauber und Gäste des Ammertal wäre dies mit Sicherheit eine Attraktion, für die Anwohner der Bahn ein freudiges Rückschauen in die Vergangenheit.

Für die beiden E 69 wäre es nur eine Selbstverständlichkeit. Denn mit dieser Selbstverständlichkeit sind die sympatischen Maschinchen in fast 100 Jahren über die Gleise des Ammertals gerollt. Für hier wurden sie geschaffen, und hier waren sie die Idealbesetzung. Viel hat sich daran nicht geändert – in unserer schnellebigen Zeit mehr als eine Sensation.

5. Ammergauer Lokalbahn-G'schichten

Selbstverständlich steht die technisch-historische Bedeutung der Bahnlinie Murnau – Oberammergau im Mittelpunkt dieses Buches. Aber man würde dieser Eisenbahnstrecke nicht gerecht, würde man nicht auch das ganz besondere Lokalbahn-Flair schildern.

Auf dem 23,7 Kilometer langen Schienenstrang hat sich über Jahrzehnte hinweg die Gemütlichkeit und Behäbigkeit einer bayerischen Nebenbahn in die moderne Welt gerettet. Bis in die siebziger Jahre hinein wehte der Wind der Vergangenheit. Erst die sich in immer kürzeren Intervallen über alle Bahnanlagen Deutschlands ergießenden Corporate Identities der modernen Bahn radierten mehr und mehr Relikte dieser Zeit aus. Und irgendwie ist spätestens mit dem Abzug der alten Loks die Anonymität und Sterilität eines zwar moderneren, gleichzeitig aber irgendwie langweiligeren Regelbetriebs eingezogen.

Meine innige Beziehung zu dieser Linie entstand 1972, als wir in ein Reihenhaus, genau auf Höhe der Oberammergauer Ausfahrtsignale bezogen. Mein Zimmer ermöglichte mir besten Streckenblick, und da gab es interessante Dinge zu beobachten. Das Wechselspiel dieser niedlichen Mini-Loks war besonders spannend. Mal kam eine kleine Rote, mal eine ähnliche in Grün, und hin und wieder eine finster dreinschauende, große rote Lok daher. Wo wollten denn eigentlich diese „Modelbahnloks" mit den großen Wagen hin? Klar, die Bahnstrecke führte nach Murnau, aber weiter als bis ins gut 10 Kilometer entfernte Saulgrub würden es diese kleinen Loks doch bestimmt nicht schaffen. Eine „Expeditionsreise" nach Murnau sollte dann Ungewöhnliches zu Tage fördern: Erstens – die Loks blieben doch bis dort am Zug, und – es gab noch eine vierte, in Schwarz! Später stellte es sich dann heraus, daß es sich bei dieser, am Murnauer Lokschuppen erspähten „schwarzen" E 69 um die sehr dunkelgrün lackierte 169 004 handelte. Nun ja, man fängt eben klein an.

Das Personal prägte in starkem Maße die Atmosphäre der Oberammergauer Bahn. Treue Begleiter in den Siebzigern: Lokführer Hanns Alzinger und Zugführer Franz Wagmann mit einer 169 005, die sich noch nicht so recht an die neue Computer-Nummer gewöhnen kann.

Langsam entwickelte ich zu diesem Treiben ein intensives Verhältnis. Zunächst wurden die Vorgänge vor meinem Fenster in einem Terminkalender (ausgerechnet von einer Fluggesellschaft!) festgehalten. Die inoffiziellen Namen der E 69 wurden täglich notiert, wenn sie im Einsatz waren. Pauline hieß die 169 002, Hermine die rote Dreier – mein absoluter Liebling -, die unbeliebte Johanna (bei dem Namen auch kein Wunder...) alias 169 004, und das mir durchaus sympathische „häßliche Entlein" ungeliebt von Personal und Lok- Ästheten, die große 169 005, Adolfine. Bald schon sollten diese einfachen No-

Stammgast: Der Gläserne Zug 491 001, hier bei Unterammergau. Seltener Gast: Der ehemalige TEE-Triebwagen 601 016/019 kam Ostern 1987 ins Ammertal. Die lange Garnitur hat eben den Scheitelpunkt bei Altenau erreicht.

tizen einem differenziert geführten „Bahnhofsbuch" weichen. Hier wurden nun alle Lokeinsätze, Wagenzusammenstellung, effektive An- und Abfahrtszeiten über Jahrzehnte hinweg notiert.
Wie schon erkennbar, wurde aus dem interessierten Beobachten eines Neunjährigen im Laufe der Zeit ein Teil meines Lebens. Ich lebte zeitweise im Rhythmus der Zugfahrten, und noch heute blicke ich bei jedem Zuggeräusch Richtung Bahn, auch wenn heute aus anderer Perspektive und auf andere Motive. Besonders betroffen war ich natürlich, als meine Lieblingslok 169 003 nach ihrem Motorschaden z-gestellt werden mußte. Als meine entsprechende Anfrage beim Bw Garmisch mit der Aussage „...und wird wahrscheinlich nicht mehr ausgebessert werden" beantwortet wurde, liefen mir kindliche Tränen herunter. Das Leben sollte mich ein Jahr später noch lehren, daß es schlimmeres geben sollte. Aber damals war ich schwer erschüttert, und um so erfreuter, als nur einige Tage später „mein" Lokführer erzählte, daß nun doch die Dreier reaktiviert würde, und dafür die Vierer geopfert wird. Die hatte ich ein paar Tage zuvor noch mit der aufgehenden Sonne nach München abfahren sehen, ihre letzte Fahrt. Nun, *die* konnte mich nicht zu Tränen rühren...
Die Erfüllung der Träume des kleinen Mannes waren natürlich die Mitfahrten auf dem Führerstand der E 69. Eines Tages stand ich mit zittrigen Knien und ähnlich befindlicher Stimme vor der 169 002 und stotterte zum Lokführer „Derf i amoi mitfahrn?" Das „Ja, freili" ließ dann einen Kindheitstraum in Erfüllung gehen. Ich bestieg die Lok und blickte mich neugierig im Führerstand um. War eigentlich gar nicht so viel drin. In der Mitte das Fahrpult mit dem großen, senkrecht angebrachten Steuerungsrad, einigen Lämplein der erst vor einigen Wochen eingebauten Indusi, ganze zwei Spannungs- und Fahrstromanzeiger. Eingezwängt zwischen linkem Vorder- und rechtem Seitenfenster lagen Tacho, Luftdruckanzeige, Lokpfeife und die beiden Bremsen. Viel mehr war's nicht. Aber einen tollen Ausblick hat man von da oben, die E 69 besteht ja rundherum fast nur aus Scheiben. Abenteuerlich dann, welche Geräusche die Lok so zu bieten hat. Im Stand säuselt sie noch leise vor sich hin, aber beim Anfahren verwandeln die Tatzlagermotoren die Lok in ein schnarrendes und vibrierendes Ungetüm. Mit steigender Geschwindigkeit und abnehmender Zugkraft überwiegt dann das fleißige Heulen der beiden Motoren.
War das Mitfahren allein schon faszinierend, bei der Rückfahrt fragt mich der Lokführer doch glatt, ob ich nicht die Lokpfeife bedienen möchte. Natürlich wollte ich. Aber damit nicht genug – plötzlich war ich der Lokführer. Am spannendsten war das Aufschalten der Maschine, denn die Zugkraft darf einen bestimmten Wert nicht überschreiten, sonst „fliegt" das Überstrom-Relais. Etwas kompliziert die Bremserei: Ein paar mal habe ich halt eine Schnellbremsung eingeleitet – macht nix, spart Zeit. Trotzdem hatte der Zug in Oberammergau drei Minuten Verspätung. Aber mir war das wurscht – ich hatte mir einen Traum erfüllt, an den ich heute noch wehmütig zurückdenke. Im Laufe der Jahre bin ich dann auch noch mit 169 004 und „meiner" Dreier mitgefahren. Nur mit der Fünfer hat's nie geklappt – und mit dem Punktlichsein auch nicht.
Geprägt war das besondere Lokalbahn-Flair natürlich und vor allem auch vom Personal. Hier kannte man sich einfach noch. Wenn der Zug sicher in Oberammergau angekommen war, lehnte sich der Lokführer meist aus seinem geöffneten Seitenfenster und schaute sich „seine" Fahrgäste an. Die vielen bekannten Gesichter wurden mit einer freundlichen Bemerkung oder einem kurzen „Griaß di nachad" bedacht. Heute sieht man die Lokführer meist überhaupt nicht mehr, aus dem Seitenfenster der 141 kann man kaum rausschauen und im Steuerwagen sind die Vorhänge meist fein säuberlich zugezogen, damit man ja keinem „Beförderungsfall" unter die Augen kommt.
Aber so manche Lokführer wollten auch schon in der „guten alten Zeit" nicht unbedingt gesehen werden. Zum Beispiel jene Zeitgenossen, die statt der planmäßigen Nachtruhe in Oberammergau, auf eine „Gungl" (bayrisch für „Party") in Unterammergau gehen wollten. Aber, mit dem Auto das war so ein Problem, wegen der Pro-

Noch mehr seltene Gäste: Eine Sonderfahrt von München über Hohenpeißenberg nach Oberammergau verschlug den Stuttgarter Vorort-Triebwagen 465 022 am 26. Mai 1979 nach Jägerhaus.
Und Anfang Mai 1998 waren für drei Wochen 111er im Zugverkehr der Kursbuchstrecke 963 Murnau – Oberammergau eingesetzt. Wegen Bauarbeiten konnten die planmäßigen 141 nicht zugeführt werden. Die modernen Loks mußten wegen ihrer hohen Achslasten über die Strecke schleichen, die Züge waren über 50 Minuten unterwegs. Das Bild unten entstand bei der Kreuzung in Bad Kohlgrub.

mille und so. Also kuppelten sie die E 69 vom Zug, und fuhren halt mit der Lok allein und ohne Licht durch die Nacht nach Unterammergau, parkten dort die Lok am Bahnhof und ab ging's auf die Fete. Die Rückfahrt war dann trotz aller Maß Bier kein Problem, schließlich fährt eine Lok keine Schlangenlinien. Und die Indusi, die diesen Abstecher hätte aufzeichnen können, war noch nicht montiert…

Aber auch während des normalen Dienstes kam es hin und wieder zu besonderen Anekdoten. So zum Beispiel ein überraschender Halt im seit Jahren aufgelassenen Haltepunkt Scherenau. Eine Blaskapelle spielte den verdutzten Fahrgästen auf und keiner wußte so recht, was das sollte. Fast keiner – allerdings einige Oberammergauer Stammtischbrüder. Dort hatte nämlich am Vorabend der Murnauer Bürgermeister damit getönt, soviel Einfluß auf den Zugbetrieb zu haben, um eben in Scherenau einen Zug halten lassen zu können. Schnell wurde um ein Faßl Bier gewettet und hinter den Kulissen mußten manche verdeckten Beziehungen ausgespielt werden, um die Wette nicht zu verlieren.

Gespielt wurde in den 70er Jahren gelegentlich auch auf dem Führerstand der E 69, und zwar Trompete. Einer der Lokführer hatte häufig Auftritte mit seiner Blas-Musi. Manchmal schien eines der neuen Stücke noch nicht so ganz geklappt zu haben. So ragte plötzlich beim Umsetzen in Oberammergau aus dem Führerstandsfenster der 169 004 eine Trompete, und der musikalische Lokführer schmetterte einen zünftigen Marsch. Hoffentlich hat's dann am Abend auch geklappt, das Stück!

Besonders engen Kontakt mit der Oberammergauer Strecke gab es dann während meiner Realschulzeit, als ich vier Jahre lang täglich 100 Kilometer Schulweg absolvieren mußte. Mit dem Frühzug um 6.05 Uhr ab Oberammergau ging's los. Natürlich wurden die Hausaufgaben in den Zug verlagert.

Einmal wurde dies aber recht peinlich. Denn die Auswirkungen aufs Schriftbild waren nicht so besonders positiv. Als mein Mathe-Lehrer dann auf die unglückselige Idee kam, ausgerechnet meine Aufgaben genauer zu betrachten, wurde dies dann auch deutlich. Daß alles falsch war, konnte ja nicht groß überraschen, aber dann ging er auf das äußere Erscheinungsbild ein. „Ich kann mir Eure Bahn lebhaft vorstellen. Ich kenn' durch Eure Schrift schon jede Kurve von dem Bockerl, ohne daß ich einmal mitgefahren wäre!“ Noch mehr Pech hatte ein Spezl von mir. Auch er machte gerade Hausaufgaben, als ein Kohlgruber Autofahrer den Zug übersah und am Bahnübergang von 169 005 erfaßt wurde. Die daraufhin eingeleitete Schnellbremsung wirkte sich auf die Hausaufgaben insofern aus, daß quer übers Blatt ein dicker Kugelschreiberstrich ging. Wie er das wohl dem Mathe-Lehrer erklärt hat?

Eine willkommenere Abwechslung im Frühzug war es dann schon, wenn wieder einmal der Bahnhofsvorsteher verschlafen hatte oder krank wurde. Nicht, daß dies besonders häufig vorkam, aber so drei – viermal im Jahr an einem der Bahnhöfe war das schon der Fall. Jedenfalls hatte dies recht interessante Auswirkungen auf den Betrieb, vor allem wenn's vielleicht ein montag und der Kohlgruber Beamte war. Denn Montags kreuzten sich dort der Frühzug aus Oberammergau und der Leerzug aus Murnau. Und kreuzen ohne Bahnhofsvorstand ging ja nun mal nicht. So standen wir dann schon mal 20 bis 30 Minuten im dunklen Bahnhof, der Leerzug vorm Signal, bis man den Diensthabenden aus dem Bett geholt hat. Zeit genug, um die erste Schulstunde spürbar abzukürzen.

Wenn man jahrelang mit den Ammergauer Loks zu tun hatte, lernte man schnell, die einzelnen Loks schon am Geräusch auseinander zu halten. So war es schon in den 50er Jahren in der Murnauer Werkstätte üblich, neuen Lehrlingen am Pfeifen des nahenden Zuges die Identifizierung der nun einfahrenden Lok abzuverlangen. Und es war kein großes Problem, die Maschinen zu unterscheiden. Bei der 169 002 fiel ein besonders starkes Rasseln bei der Anfahrt auf, und ihr abgehacktes, unterbrochenes Motorgeräusch bei voller Fahrt. Besonders „musikalisch“ war die Fünfer. Einfach zu identifizieren schon am „Blasen“, dem Geräusch des fremdbelüfteten Trafos. Hörenswert aber ihre Motoren, die sich aus

einem tiefen kraftvollem Dröhnen mit zunehmender Geschwindigkeit zu einem sirenenartigen Heulen steigerten – sehr ähnlich den alten Triebwagen der Berliner S-Bahn.
Obwohl für mich fast unverstellbar, die Zeit der E 69 im Nahverkehr auf der Oberammergauer Bahn ging im Mai 1981 zu Ende. Natürlich bin ich in den letzten Tagen noch oft im Zug mitgefahren, denn trotz meiner etwa 1.000 Mitfahrten – genug war es nie. Hierbei sei übrigens erwähnt, daß bei all diesen Fahrten die 169 ihr Ziel stets mit eigener Kraft erreichten.
Am 29. Mai 1981 konnte ich also letztmalig die Faszination einer E 69-Planfahrt auf meiner Stammstrecke erleben. Zuglok der Fahrten mit dem Nahverkehrszugpaar 6620 und 6623 war 169 005. Die Hinfahrt nach Murnau verlief weitgehend normal, nur in Grafenaschau und Seeleiten lagen wir jeweils eine Minute „hinten". Aber die Rückfahrt hatte es in sich! Es sollte nochmal ein richtiges Erlebnis werden. Vor allem deswegen, weil unser „bester" Lokführer den Zug übernahm, der gerade mit dem „Dienstschluß"-Zug immer wieder einen flotten Fahrstil an den Tag legte und all' jene „Versager" Lügen strafte, die behaupteten, mit den E 69 ließen sich die Fahrzeiten nicht halten.
Abfahrt Murnau mit zwei Minuten Verspätung – der Anschluß-IC kommt zu spät. In Murnau Ort sind wir dann sogar drei Minuten hinten, weil unerwartet viele Leute zusteigen. Seeleiten-Berggeist auch drei, Grafenaschau noch zwei Minuten. Nun gehts ins Steilstück nach Jägerhaus. Normal sind da sieben Minuten Fahrzeit, dieser Zug hat planmäßig nur sechs – wir schaffen's in fünf. Also nur noch eine Minute Rückstand. Ebenso in Bad Kohlgrub. Und im steilen Abschnitt zwischen Bahnhof und Kurhaus holt der Lokführer alles aus der Fünfer raus, die Motoren heulen wie Sirenen durch die Nacht, statt drei brauchen wir nur zwei Minuten – wir sind „Plan". Ebenso in Saulgrub. Von dort nach Altenau sind fünf Minuten vorgesehen – wir packen's in drei! Bis Unterammergau bleibt der Zug im Plan, dann zieht die 169 005 zum Finale an und erreicht Oberammergau sogar zwei Minuten zu früh. Effektive Fahrzeit nur 35 Minuten.
Zwei Tage später müssen die alten Ammergauer Lokomotiven weichen, weil die planmäßige Fahrzeit auf 38 Minuten gekürzt wird. Für die E 69 und den „richtigen" Lokführer wär's kein Problem gewesen. Zumindest aber war diese Fahrt ein würdiger Abschied für meine „Neinasechzga"!

Anhang

Chronik LAG 1/E 69 01

Ende 1905			Anlieferung in die Betriebsstätte Murnau
19.02.06			Inbetriebsetzung in der Betriebsstätte Murnau
02.06.21			schwerer Unfallschaden, Lok zur Reparatur in Murnau
1935			Einbau neuer Motoren und Sifa
01.08.38			Übernahme durch Deutsche Reichsbahn, neue Nummer E 69 01
15.05.41	E3	Freimann	Hauptuntersuchung im AW Freimann
01.07.54			Lok auf „z"
25.11.54			Ausmusterung
23.06.58			Denkmal im Ausbesserungswerk München-Freimann
März 1983			vom Denkmalssockel in Abnahmehalle AW Freimann gebracht
Mai 1985			Einzug in die Fahrzeughalle Deutsches Museum, München

Chronik LAG 2/E 69 02/169 002-3

19.05.09			Anlieferung an LAG-Betriebswerkstätte Murnau
10.09			Abnahme
02.06.21			Unfallschaden. Lok zur Reparatur in Betr.werkstätte Murnau
Anfang 36–01.03.37	E4	Murnau	Umfassender Umbau der Lok durch BBC in der Betriebswerkst. Murnau (neuer Profilrahmen, andere Motoren, Nockenschaltwerk u.a.)
01.08.38			Übernahme durch Deutsche Reichsbahn
20.04.–31.05.40	E3	Freimann	Hauptuntersuchung
22.11.44–17.02.45	E4	Murnau	Hauptuntersuchung. Neue Kohlebürsten, Achslager ausgegossen, Neuanstrich
06.11.–13.12.46	E2	Murnau	Kommutator Motor 1 geschliffen, alle Radreifen abgedreht
14.10.–23.10.47	E0	Murnau	Elektrische Revision, alle Radreifen abgedreht, Ölprobe (gut)
27.10.–09.11.48	E2	Murnau	Kommutator beider Motoren geschliffen, Luftkompressor und Stromabnehmer getauscht, Nockenschaltwerk aufgearbeitet, Achslager vorne rechts erneuert
03.02.49	E0	Murnau	Motor #38625 auf der Antriebsseite Tatzlager erneuert
12.02.49	E0	Murnau	Motor #38625 mit Laufwellenbruch ausgebaut (Motor später an E 69 03)
19.10.49–14.01.50	E3	Murnau	Hauptuntersuchung. Neue Radsätze eingebaut, alle Lager mit WM 80 ausgegossen, Fahrmotoren EDTM 4 gegen EDTM 494/V getauscht, neue Großzahnräder eingebaut, Neuanstrich
23.10.50	E0	Murnau	Vorschaltgerät geändert
29.08.–01.10.51	E2	Murnau	Revision elektrischer und mechanischer Teil, sämtliche Radsätze neu bereift, Achslager neu ausgegossen, Federlaschen, Buchsen und Bolzen tw. erneuert, Neueinbau der DeLimon-Spurkranzschmierung

08.07.–25.07.52	E0	Murnau	Unfallausbesserung. Vorbau vorne, Motoraufhängung, Bahnräumer, Fußtritte und alle vier Streckenlaternen erneuert, Heiz-und Lichtkabel vorne erneuert
08.03.–09.05.53	E4	Murnau	Hauptuntersuchung. Kompressor im AW Freimann aufgearbeitet, Trafo geprüft; Untersuchung nur soweit, wie für ein Jahr Betriebstauglichkeit notwendig
07.04.–13.04.54	E0a	Freimann	Radreifen abgedreht
14.04.54		Umbeheimatung ins Bw Garmisch	
01.07.54			Lok auf „z"
25.11.54–18.03.55	E0a	Freimann	Umrüstung auf 15 kV, Trafo umgewickelt, Stromabnehmer getauscht, elektrische Revison, Heizkupplungen abgeändert, Blitzschilder montiert, Zug- und Stoßeinrichtungen mit Muttern und Federn versehen
04.07.55		Umbeheimatung ins Bw Heidelberg	
12.07.55		München Ost	Einbau Rangierfunk
05.08.–28.08.55	E1	Heidelberg	Anpassungsarbeiten. Batteriekasten eingebaut, 6 Volt Sifa gegen 24 V getauscht, zweiten Schnellabschaltknopf eingebaut, Sifastörschalter und Lichttrafo mit Selengleichrichter eingebaut, Bosch-Scheibenwischer neu eingebaut, Windschutzscheiben auf Führerseite angebracht
02.02.–22.02.57	E0	Esslingen	Hauptumspanner geprüft, Stromabnehmer gegen neuen SBS 39 getauscht, hierfür Dachaufbauten angepaßt, Motoraufhängefedern getauscht
06.05.–05.06.57	E3	Freimann	Hauptuntersuchung. Stromabnehmer getauscht, Fahrmotor 1 Schluß aufgearbeitet, Sifa aufgearbeitet, Motor 2 revidiert, Obere Signallaterne angebracht
13.05.–16.05.59	E0	Freimann	Radreifen abgedreht
17.08.–22.09.60	E2	Freimann	Untersuchung. Bremsanlage von Westinghouse nach Knorr umgebaut
26.04.–04.05.61	E0	Freimann	Hochspannungskabel getauscht, Trafo geprüft
11.04.–02.05.62	E0	Freimann	Hochspannungskabel getauscht, Trafo geprüft, Fahrmotoraufhängung aufgearbeitet
05.10.–25.10.62	E0	Esslingen	Radreifen abgedreht, Achsschenkel bearbeitet, Treibachswellen aufgearbeitet, Motoraufhängung geschweißt und aufgearbeitet
17.12.62–07.02.63	E0	Esslingen	Unfallausbesserung. Sämtliche Unfallschäden behoben, Radreifen abgedreht, Radsätze auf Rundlauf geprüft, Achs- und Tatzlager ausgegossen, Achslager instandgesetzt, Achswellen mit Ultraschall geprüft, Trafo und Fahrmotoren geprüft, Stromabnehmer getauscht
01.06.64		Umbeheimatung zum Bw Garmisch	
21.05.–28.10.64	E2	Freimann	Hauptuntersuchung. Luftbehälter geprüft, Räder, Fahrmotoren, Stromabnehmer Richtungswender, Schaltwerk und Kompressor aufgearbeitet, Sifa-Zeitschaltrelais eingebaut

169 002 am Lokschuppen in Murnau am 21. März 1979

14.04.66–31.10.67	U0	Freimann	Motorschaden Fahrmotor 2 #39134 „Unterbrechung", Motor und Radsatz 2 aufgearbeitet, Ritzel erneuert, Zahnkränze waren schadhaft
24.08.–11.12.70	U2	Freimann	Hauptuntersuchung. Radsätze, Fahrmotoren, Richtungswender, Batterie und Schaltwerk aufgearbeitet, Behälter für Knallkapseln eingebaut
14.12.70–21.01.71	U0	Freimann	Fahrmotor aufgebarbeitet, Batterie getauscht
29.03.–07.04.71	U0	Freimann	Radsatz 1 Tatzlager aufgearbeitet
22.09.71	U0	München Hbf	Radreifen abgedreht
Anfang 10.73			Tatzlagerschaden
November 10.73			Tatzlagerschaden
07.12.74–23.04.75			Achsschaden
01.05.–11.06.75	U0	Freimann	Tatzlagerschaden
09.02.–26.05.76	U2	Freimann	Hauptuntersuchung. Luftbehälter geprüft, Radsätze bereift und Ultraschall, Fahrmotoren untersucht, Schaltwerk und elektrische Ausrüstung revidiert. Getauscht: Sifa, Stromabnehmer, Luftpresser, Batterie, Einbau Indusi
07.06.–04.08.78	U0	Garmisch	Motorschaden, neuer Motor aus 432 202 eingebaut
28.06.–08.08.79	U0	Freimann	Fahrmotor 1 #39134 neuer Läufer eingebaut
23.03.–01.04.80		Freimann	Neulackierung
26.09.81			Letzter Planeinsatz für die Baureihe 169 mit 5427/Üg 67677 Garmisch – Griesen – Garmisch

13.10.81			Lok auf „z"
28.06.82			Letzter Einsatz als Betriebslok (Sonderfahrt)
29.07.82			Ausmusterung
23.05.–06.08.85	U3	Freimann	Lok museumsgerecht und fahrfähig instandgesetzt, Neulackierung
08.08.–14.08.85	U0	Freimann	Heißläufer ausgebessert
17.01.–17.03.94	B1	Werk München Hbf	Neuen Hauptluftbehälter eingebaut, neue Anschlüsse zu den Hauptluftbehälterleitungen
18.03.94	U0	Freimann	Trafoölwechsel
05.08.97			Fristablauf, Ausscheiden aus betriebsfähigem Museumsbestand

Chronik LAG 3/E 69 03/169 003-1

17.12.12			Abnahme durch LAG-Betriesbwerkstätte Murnau
1933	E3	Murnau	
01.08.38			Übernahme der Lok durch die Deutsche Reichsbahn. Erste Betriebsnummer E 98 03
21.10.39–15.11.40	E4	Freimann	Umbau (neuer Profilrahmen, andere Motoren, Nockenschaltwerk)
12.07.–15.09.45	E3	Murnau	Hauptuntersuchung mit Neulack
27.09.–13.10.48	E0	Murnau	Fahrmotorschaden, zusätzliche Heizleitung, neuer Führerstandsfußboden
14.04.–30.06.49	E4	Murnau	Motor aus E 69 02 eingebaut, Neuanstrich

LAG 3 bei ihrer Abnahme in Murnau. Das Schild unterhalb des Führerhauses trägt die Aufschrift „Hermine"

169 003 als fahrende Heizlok in Garmisch-Partenkirchen, 1. April 1982

28.04.–11.05.50	E2	Murnau	Lichtumformer eingebaut, F1
26.02.–04.03.51	E2	Murnau	Einbau DeLimon-Spurkranzschmierung, Revision
08.03.–20.03.52	E0	Murnau	Lose Radreifen – neu bereift, Fahrmotor 1 Tatzlager neu ausgegossen
03.08.–04.10.52	E3	Murnau	Hauptuntersuchung, Trafo in AW Freimann untersucht, Motoraufhängung erneuert, Tatzlager auf Antriebsseite ausgegossen, Neuanstrich
01.07.54			Lok auf „z"
25.11.54–28.04.55	E0b	Freimann	Umrüstung auf 15 kV, Trafo am 10.02.55 umgewickelt, neuer Stromabnehmer, Sifa auf 24 Volt umgestellt, elektrische Revision, Heizkupplung abgeändert, Zug- und Stoßvorrichtungen mit Schrauben und Muttern versehen
29.04.55		Umbeheimatung ins Bw Garmisch	
18.05.–23.05.55	E0a	Freimann	Zug- und Stoßvorrichtungen abgeändert, Zughaken um 90 mm verlängert
24.05.55		Umbeheimatung ins Bw Rosenheim	
05.07.55		Umbeheimatung ins Bw Heidelberg	
12.07.55		München Ost	Einbau Rangierfunk
24.11.55		Heidelberg	Lichttrafo, Gleichrichter und Schalttafel eingebaut, elektrische Anpassungsarbeit
12.06.–11.07.57	E2	Freimann	Hauptuntersuchung, 3. Spitzenlicht eingebaut, Luftpresser getauscht

14.10.–08.12.59	E3	Freimann	Hauptuntersuchung, neuer Motor, Neuanstrich in Rot
09.05.–08.06.61	E0	Freimann	Kabelbrand, Trafo geprüft, Schaltwerk aufgearbeitet, Fußboden tw. erneuert
15.11.61–28.02.62	E2	Freimann	Hauptuntersuchung, Behebung von Flankenfahrtschäden
29.08.–10.10.63	E0	Esslingen	Unfallschäden behoben, Achswellen mit Ultraschall geprüft, Rahmen vermessen
01.06.64		Umbeheimatung ins Bw Garmisch	
18.01.–19.02.65	E0	Freimann	Radsatz I und Fahrmotor II mit Ritzel aufgearbeitet (Motor blockiert)
17.05.–01.07.65	U2	Freimann	Hauptuntersuchung
18.01.–07.06.66	U0	Freimann	beide Fahrmotoren getauscht
12.04.–23.05.67	U0	Freimann	Fahrmotor 1 aufgearbeitet
13.12.–16.12.68	U0	Freilassing	Radreifen unterflur abgedreht
10.01.69–10.01.72!!	U2	Freimann	Hauptuntersuchung, Fahrmotor getauscht
20.03.–02.04.73	U0	Garmisch	Luftpresser getauscht
02.06.–26.06.75	U0	Freimann	Fahrmotor 1 instandgesetzt
28.08.–29.12.76	U2	Freimann	Hauptuntersuchung, Einbau Indusi
21.02.77			Lok auf „z“
22.04.77			vom z- zum Einsatzbestand
22.04.–03.05.77	U0	Freimann	Fahrmotor #38625 ausgebaut, Einbau von Motor aus 169 004
22.02.–12.04.78	U0	Freimann	Fahrmotor von 169 004 ausgebaut, Wiedereinbau Fahrmotor #38625
28.03.–03.04.80	Freimann		Neulackierung
19.01.–19.02.81	U0	Freimann	Fahrmotor 1 repariert
25.09.81			Letzter Planeinsatz mit Üg 67667 Oberammergau – Murnau (als Lz)
13.10.81			Lok auf „z“
11.03.–08.04.82			Einsatz als Heizlok auf Bf Garmisch
28.06.82			Letzter Einsatz als Betriebslok (Überführung München – Garmisch)
29.07.82			Ausmusterung
15.05.85	U2	Freimann	Lok museumsgerecht und fahrfähig instandgesetzt, Neulackierung
21.12.93	E1	Werk München Hbf	Fristverlängerung
17.01.–17.03.94		Werk München Hbf	Hauptluftbehälter geprüft
14.05.97			Fristablauf, Ausscheiden aus dem betriebsfähigen Museumsbestand

Chronik LAG 4/E 69 04/169 004-9

1901	Bau des Fahrzeugteils für die Siemens-Halske Versuchslok
1917	Versuchsfahrzeug wird in der Mitte getrennt und daraus zwei weitgehend identische Fahrzeugteile geschaffen
1922	Anlieferung nach Murnau als LAG 4

1929			Starkstromüberschlag und Trafobrand, nur provisorische Ausbesserung
28.03.30	E2	Murnau	Kleine Hauptuntersuchung
Sommer 30			Lok wird außer Betrieb gesetzt und in LAG-HW München-Thalkirchen gebracht
15.05. 34		Murnau	in den neu gelieferten Lokkasten wird die elektrische Ausrüstung eingebaut
Juni 34		Murnau	Indienststelllung der neuen LAG 4
01.08.38			Übernahme durch Deutsche Reichsbahn
21.08.40	E3	Murnau	Hauptuntersuchung
09.11.43	E2	Murnau	Neue Radsätze eingebaut, Groß- und Kleinzahnräder erneuert Stromabnehmer mit Kohleschleifstück eingebaut, Motor I neue Lager
01.09.–15.11.45	E3	Murnau	Hauptuntersuchung. Achslager und Motortatzlager ausgegossen, Fensterwischer mit Luftbetätigung eingebaut, Motor II erhielt neues Ritzel, Einbau der Einrichtung für 1000-V-Zugheizung, Neuanstrich
28.02.–12.03.48	E0	Murnau	Motor 528755 Kommutator abgedreht/geschlitzt, Läuferlager ausgegossen
04.10.48	E1	Murnau	Zugbeleuchtung von 130 Volt auf 90 V umgeklemmt
17.07.–15.10.49	E4	Murnau	Hauptuntersuchung, Gemäß EZA München Einbau der Fahrmotoren EDTM 4/494/III für die ausgemusterten WBM 282, Motoraufhängung abgeändert, Einbau von Radsätzen mit aufgezogenen Zahnrädern nach Zeichnung EZA aus E 69 02, Stromabnehmer getauscht, Anbau von Hülsenpuffern an Stelle von Stangenpuffern, Tausch Luftkompressor WBMV 14 gegen EKSt 100 aus E 69 05, Neuguß der Tatzlager mit WM 80, Neuanstrich
30.03.–13.04.50	E0	Murnau	Lichtumformer Gn42 eingebaut
18.06.–05.07.50	E2	Murnau	Fristuntersuchung, Einbau der achten Fahrstufe
03.08.–04.08.50	E0	Murnau	Läufer Fahrmotor I getauscht
31.03.–02.04.51	E0	Murnau	Läuferwechsel
12.12.–21.12.51	E0	Murnau	Einbau DeLimon-Spurkranzschmierung, Achslager neu ausgegossen, Federlaschen ausgebürstet und Bolzen erneuert, Lichtmaschine getauscht
21.08.52	E1	Murnau	Infolge Aufstoß mit Kfz in Grafenaschau linker vorderer Sandkasten und Heizkabel erneuert
11.10.–23.12.52	E3	Murnau	Hauptuntersuchung, Radreifen neu, neue Großzahnräder, Achs- und Tatzenlager neu ausgegossen, Umspanner im AW Freimann untersucht, Neuanstrich
01.01.54		Umbeheimatung ins Bw Garmisch (formell)	
01.07.54		Lok auf „z“	
25.11.–13.05.55	E0b	Freimann	Umbau auf 15 kV, Trafo getauscht (aus ET 56 002a), dafür Aufhängung geändert, Stromabnehmer SBS 9, Schuppenschalter neu eingebaut, 2 GO Batterien mit Kästen, Kabel für

			Notbeleuchtung und 24 Volt-Sifa neu eingebaut, Stufenschütz für 9. Fahrstufe im Fahrschalter neu eingebaut, beide Fahrmotoren aufgearbeitet, zwei Puffer neu, Heizkupplung geändert
24.05.55		Umbeheimatung ins Bw Freilassing	
20.06.55		Umbeheimatung ins Bw Rosenheim	
05.07.55		Umbeheimatung ins Bw Garmisch	
10.12.–13.12.56	E0	Freimann	Federspannschrauben für Motoraufhängung instandgesetzt, 2. Motorrelais instandgesetzt, 3. Spitzenlicht montiert
26.10.–12.12.57	E3	Freimann	Hauptuntersuchung, Luftpresser und Stromabnehmer getauscht, Fahrmotor aufgearbeitet, Schützisolatoren für Dachsicherung und Dachsicherung erneuert
06.10.–29.10.59	E0	Freimann	Fahrmotor 2 getauscht (Einbau #39363 aus E 69 03)
23.05.–24.05.62	E0	Freimann	Radreifen abgedreht, Lüfteraggregat getauscht
15.10.–05.11.62	E0	Freimann	Luftpumpe untersucht, mechanische Bremse und Motoraufhängung aufgearbeitet
13.11.62	E1	Garmisch	DeLimon-Spurkranzschmierung angebaut
07.06.–15.07.63	E2	Freimann	Hauptuntersuchung, Fahrmotoren aufgearbeitet, Sifa-Zeitrelais eingebaut
13.11.–28.11.63	E0	Freimann	Kompressor getauscht, VV221Z eingebaut
03.03.64	E1	Garmisch	400-l-Luftbehälter FaNg eingebaut
17.12.65–28.01.66	U0	Freimann	Fahrmotor 2 mit Bandagenriß ausgebaut
04.04.–12.05.66	U2	Freimann	Hauptuntersuchung
19.01.–20.08.68	U0	Freimann	beide Fahrmotoren und Radsatz 2 aufgearbeitet
21.07.–14.08.69	U0	Freimann	Fahrmotor 2 aufgearbeitet, Tatzlager-Befestigungsschrauben bei FM 1+2 erneuert, Bremshängeeisen berichtigt, Anschlußausführungen am Stromteiler gedichtet, 400-l-Luftbehälter geprüft
25.11.–03.12.60	U0	Freimann	Fahrmotor 2 getauscht, Radsätze auf Unterflurbank
08.12.70–	U2	Freimann	Hauptuntersuchung, Luftpresser mit Motor und Sifa mit Getriebe getauscht,
10.02.71			betriebssichere Unterbringung der Knallkapseln, Außenanstrich nach Bedarf ausgebessert
16.05.–13.06.75	U0	Freimann	Trafo und Aktivteil ausgebaut, 4 Tragschrauben erneuert, Behälterarbeiten, Öl- und Ofenbehandlung durchgeführt
06.10.–24.11.75	U2	Freimann	Hauptuntersuchung. Getauscht: Stromabnehmer, Sifa mit Getriebe, Luftpresser, Batterien, Richtungswender, Trennschütz 1, Stufenschütz 1-9 und Schütz für Batterieladung; Radsatz 1 und 2 und Fahrmotor 1 + 2 untersucht, Indusi eingebaut
21.04.77			Letzter Planeinsatz Murnau – Oberammergau
22.04.77			Letzte Fahrt Murnau – AW Freimann, Lok auf „z"
29.09.77			Ausmusterung
21.04.78			Denkmal München, Arnulfstraße
02.09.97			Denkmal Murnau, Bahnhofsvorplatz

Chronik LAG 5/E 69 05/169 005-6

01.04.1930			Anlieferung an LAG-Betriebswerkstätte Murnau
Juni 1930			Abnahme durch Betriebswerkstätte Murnau
01.08.1938			Übernahme durch Deutsche Reichsbahn Neue Betriebsnummer E 69 05
12.08.41	E3	Freimann	Hauptuntersuchung, bei Rücküberführung Achslager warmgelaufen
12.08.–19.08.41	E0	Murnau	Achslager neu aufgepaßt
03.08.43	E0	Freimann	Ständerschaden an der Erregerwicklung, Erdschluß Motor 2005216
12.10.43	E2	Murnau	Untersuchung der Brems- und Stoßvorrichtungen, Radreifen abgedreht, Lüfter und Fahrmotoren untersucht, Ölumlauf, Kollektor abgeschliffen, sämtliche Kugellager gereinigt
24.08.44	E2	Murnau	Untersuchung des elektrischen und mechanischen Teils, sämtliche Lager gereinigt, Motor I und II neue Tatzlager auf Zahnradseite
07.02.45	E0	Murnau	Schaltdrossel durchgebrannt, neu gewickelt
16.01.–06.04.46	E4	Murnau	Gesamter mechanischer Teil einschließlich Bremse ausgebaut, untersucht und aufgearbeitet, Anrisse am hinteren linken und rechten Rahmenblech elektrisch verschweißt und mit 20 mm starken Platten verstärkt, vordere und hintere Rahmenbleche rechts und links mit Spannschloß und Zugstange verbunden, Hauptluftbehälter geprüft, Radsätze neu bereift, gesamte elektrische Ausrüstung einschließlich Stromabnehmer untersucht und aufgearbeitet. Fahr- und Hilfsmotoren überholt, Kommutatoren abgedreht und geschlitzt, Einrichtung für 1000-V-Zugheizung eingebaut, Trafo bei 1000 V angezapft, Wicklung gereinigt/überholt, Ölwechsel, Neuanstrich
01.01.–24.02.48	E2	Murnau	Radsätze abgedreht, Achslager ausgegossen, großes Zahnrad Ritzel I ausgewechselt wegen Ausbruch von Zähnen, bei Radsatz 1 ein gebrauchtes großes Zahnrad aufgezogen. Elektrische Revision durchgeführt, bei Fahrmotor 2005216 auf Antriebsseite neues Rollenlager aufgebracht – hier war Laufring und Läuferwelle gebrochen und die Welle angegriffen, Trafo 1000-V-Anzapfung erneuert
30.03.48	E2	Murnau	Kommutator geschliffen und geschlitzt, neues Rollenlager vom 24.2. untersucht und in Ordnung
15.09.48	E1	Murnau	hinteren Vorbau mit Gummibeilagen abgedichtet, Lüfter zog Wasser ein, am Stromteiler Verspannungen nachgezogen, Zugbeleuchtung von 155 auf 95 Volt umgebaut
14.03.–30.03.49	E2	Murnau	Radreifen abgedreht, am Bremsgestänge verschiedene Bolzen erneuert, Nockenschaltwerk überholt, beide Fahrmotoren oben mit neuer Kohlen-Marke bestückt

Die E 69 05 wartet am 18. Mai 1959 vor dem Murnauer Lokschuppen auf ihren nächsten Einsatz.

18.08.–31.08.49	E0	Murnau	Sämtliche Radreifen neu bereift, Oberteilschmierung der Achslager beseitigt, Kompressor EKSt 100 gegen VV 221 getauscht, Kühlschlangen eingebaut
13.02.–26.04.50	E3	Murnau	Gesamten mechanischen Teil einschließlich Bremse untersucht und nach Befund aufgearbeitet. Am linken vorderen Rahmenblech Platten angeschweißt wie bei letzter E4 hinten gesamte elektrische Ausrüstung untersucht, Stromabnehmer getauscht, Fahr- und Hilfsmotoren überholt, sämtliche Tatzenlager mit WM 80 neu ausgegossen, 5-kV-Einführungsisolator am Umspanner erneuert, Lichtanlage (Umformer) für Zugbeleuchtung neu eingebaut, Radreifen neu bereift, Neuanstrich
05.07.–10.08.50	E0	Murnau	Trafoschaden, Überschlag auf 5-kV-Seite, Kern isoliert, Niederspannung neu, Isolation tw. neu (Trafoarbeiten im AW MF)
10.01.–16.01.51	E0	Murnau	Anbau DeLimon-Spurkranzschmierung
05.03.–01.05.51	E0	Murnau	Revision (Motorschaden), Laufwellenbruch bei Motor 2005216
09.10.–23.11.51	E2	Murnau	Sämtliche Radreifen erneuert, Stoßbarkenführungen erneuert, Stoßbarken egalisiert, Achslager neu ausgegossen, Rahmenriß mit Platten verstärkt und genietet, bei Motor 2005216 Fette in Ständer eingedrungen, Motoren gegenseitig getauscht

08.02.52-18.06.52	E0	Murnau	Motor 2005216 im EAW Freimann, Ständer 3 E- 4 W – 8 K-Spulen neu gewickelt
30.06.52	E1	Murnau	Entgleisung; Achsen vermessen und zwei Achskastenunterteile erneuert
07.07.–06.10.53	E4	Freimann	Radsätze neu bereift, Achs- und Tatzlager mit WM 80 ausgegossen, Rahmen vermessen, 2 Nieten neu, Kompressor getauscht, gesamte elektrische Einrichtung nach Befund aufgearbeitet, Trafo umgebaut auf 15 kV, Fahr- und Hilfsmotoren aufgearbeitet, Hochspannungskabel mit Erdverschlüssen, Außenschacht für Hochspannungskabel Seite 1 neu angebaut, Dachsicherungen mit Isolatoren sowie Überspannableitern erneuert, Stromabnehmer getauscht, Zug- und Stoßvorrichtungen mit Schrauben mit gewöhnlichen Muttern und Federringen versehen, neue Blitzpfeilschilder angebracht, Schraubfedern ausgebaut
15.10.–23.10.53	E0a	Freimann	Isolatoren für Dachsicherung erneuert und auf Gummiunterlagen befestigt, Sicherung neu, Schraubfedern wieder eingebaut
01.01.1954			Umbeheimatung zum Bw Garmisch
14.02.–28.03.56	E0	Freimann	Fahrmotor I aufgearbeitet
18.08.–03.09.56	E0	Freimann	Motor- und Heizrelais getauscht, Motorstromwandler neu eingebaut, Heizstromwandler neu eingebaut, 3. Spitzenlicht angebracht
14.02.–29.03.57	E2	Freimann	Stromabnehmer und Ölpumpe getauscht, Fahrmotoren und Motorlüfter aufgearbeitet, Räder neu bereift, Rahmen vermessen, Luftpresser getauscht; sämtliche Radreifen abgedreht; Trafo instandgesetzt (Wicklung nachgezogen, Hölzer und Bohlen neu) Schaltwerk revidiert, Anstrich neu in Rot
19.12.59–03.01.60	E0	Freimann	Fahrmotor 2 Ritzel getauscht, Tatzlager untersucht
10.06.–04.07.60	E0	Freimann	Trafo Kern und Verspannung nachgezogen, Spannhölzer tw. neu, 2 Schienen neu, Schaltwerk aufgearbeitet
27.04.–30.05.61	E0	Freimann	Rahmen vermessen, Rahmenrisse geschweißt, Achslager und Federspanner aufgearbeitet, Radreifen abgedreht
28.01.–14.03.63	E0	Freimann	Radsatz 2 und Fahrmotor 2 aufgearbeitet (Ritzelschaden)
12.07.–31.07.63	E0	Freimann	Flankenfahrtschäden beseitigt
23.09.–24.10.63	E0	Freimann	Fahrmotor...5216 Kohlenbrüche und Spannungsteiler aufgearbeitet
07.12.63-	E2	Freimann	Hauptuntersuchung, Trafo (Überschlag) und Schaltwerk aufgearbeitet
03.02.64			Getauscht: Fahrmotorlüfter, Batterie, Sifa, Stromabnehmer
30.06.–10.08.64	E0	Freimann	Trafo und Einführungsisolator aus- und eingebaut, repariert, Hochspannungskabel geprüft, Trafo hatte Körperschluß (völlig zerlegt, Heizspule neu)
06.10.–12.11.64	E0	Freimann	Fahrmotor...5216 aufgearbeitet (Schluß)
18.01.–01.03.65	E0	Freimann	Trafo aufgearbeitet
07.07.–09.07.65	U0	Freimann	Rahmenriß geschweißt

18.01.–12.08.66	U0	Freimann	Fahrmotor 1 Überschlag, Trafo-Unterbrechung behoben
30.08.–16.11.66	U0	Freimann	Fahrmotor 2 Überschlag
19.01.–26.03.68	U0	Freimann	beide Fahrmotoren mit Rädern aufgearbeitet, Zahnkranzbruch, Achsschenkel riefig, Kollektorschaden Motor 2, Überschlag Motor 1
07.07.–16.07.69	U0	Freimann	Radsatz 2 Achswelle auf festen Sitz untersucht, Heizschütz 1000 V getauscht
03.02.–15.07.70	U2	Freimann	Hautpuntersuchung
18.01.–24.02.71	U1	Freimann	Überschlag Fahrmotor 1 und 2
09.03.–10.05.71	U0	Freimann	Fahrmotor 1 aufgearbeitet
21.12.71-19.01.72	U0	Garmisch	Radsatz aus- und eingebaut, ebenso Motor 1
14.08.–15.11.72	U0	Garmisch/ Freimann	Fahrmotor 1 ausgebaut, Motorwelle im AW gewesen, Fahrmotor eingebaut
20.12.73-11.11.74	U0	Freimann	Fahrmotor 1 und Treibsatz 1 aufgearbeitet, betriebssichere Unterbringung der Knallkapseln, Indusi eingebaut
25.06.–26.09.75	U2	Freimann	Hauptuntersuchung; getauscht: Luftpresser, Handluftpumpe, Richtungswender Trennschütz 1, Stufenschütze, Stromabnehmer
15.01.–22.01.76	U0	Garmisch	Unfallausbesserung nach Unfall mit Kfz
11.07.–06.08.76	U0	Freimann	Fahrmotor 2 ausgebaut und instandgesetzt
21.02.–20.04.77	U0	Freimann	Fahrmotor 1 + 2 untersucht, FM 2 Ritzel und Laufwelle erneuert
30.12.77-21.03.78	U0	Freimann	Fahrmotor 1 untersucht
März 80		Freimann	Neuanstrich
08.09.–15.10.80	U0	Freimann	„Schlechter Lauf", Achslagerführungen vom Lokkasten und von den Achslagergehäusen instandgesetzt, Fristverlängerung durchgeführt
27.10.–20.11.80	U0	Freimann	Fahrmotor 1 untersucht
11.09.81			Letzte Betriebseinsatz mit Üg Oberammergau – Murnau
24.09.81			Ausmusterung
27.02.82			Kaufentscheid durch Bayerischen Localbahn Verein
16.10.82			Erster „Auftritt" bei Bahnhofs-Kirta in Tegernsee
1983			Überführung ins Localbahn-Museum Bayerisch Eisenstein

Quellen

Gemeindearchiv Murnau: Eisenbahn-Akten, Zeitungen
Gemeindearchiv Oberammergau: Akten X – Der Eisenbahnverkehr 1898 – 1922, Die elektrische Lokalbahn zwischen Murnau – Kohlgrub – Oberammergau, Die Bahnprojekte Oberammergau – Ettal – Oberau (1912 – 14)
Localbahn-AG, München: Beschreibung und Betriebsvorschriften der Nebeneisenbahn Murnau – O., 25 Jahre Lokalbahn AG 1887 – 1912, Bericht zur Passion 1930
Elektrische Bahnen, Heft Oktober 1939
Verkehrsmuseum Nürnberg: Betriebsbücher E 69 02 bis 05
Rossberg, Ralf Roman: Die Lokalbahn Murnau – Oberammergau, Franck-Verlag 1970
Schulze, Claus-Jürgen: Die Isartalbahn, Bufe-Verlag, 1978
Obermayer/Scheingraber: Baureihe ET/ES 85, Sonderausgabe Eisenbahn-Journal 1984
Braun, Hofmeister: Die E 69
Dr. Günther Bürnheim: Die Lokalbahn AG
Siemens-Archiv: Die Einphasenbahn Murnau – Oberammergau v. Ober-Ing. Ehnhart, Entwicklung der elektrischen Bahnen bei Siemens, Rampacher, 1943
Gera Nova-Verlag: Deutsche Bahnbetriebswerke, Bw Murnau
Rampp, Brian: Elektrische Triebwagen deutscher Eisenbahnen, Alba-Verlag 1997
Bäzold/Rampp/Tietze: Elektrische Lokomotiven deutscher Eisenbahnen, Alba-Verlag 1993
Neumaier/Rücker/Greinwald: Moor-Bad Kohlgrub, Gemeinde Bad Kohlgrub, 1990
Historischer Verein Murnau: Jahresbericht 1988

Bildnachweis

Slg. Bernd Mühlstraßer – S. 2, 11, 13, 80, 86 u, 87 o, 88 u
Slg. Karl Unhoch – S. 9, 19 u, 26, 31 l, 84
Slg. Anneliese Buchwieser – S. 10, 31 r, 32,
Homes/Slg. Zwink – S. 12
Siemens Forum München – S. 16, 17, 18 u, 19 o, 20, 21, 22 o, 23, 24, 73, 75, 79 o, 92
Bernd Mühlstraßer – S. 18 o, 29 u, 57 u, 60, 62, 63, 64, 65 u, 121, 123, 124 o, 125, 128 o, 129, 134/135, 142 o, 151
Slg. Dr. Günther Scheingraber – S. 22 u, 42 o, 45 m, 96/97, 99 o
Slg. Kellermann – S. 25, 150
Slg. Manfred Hofer – S. 27, 77 o
Ernst Schörner – S. 28, 77 u, 82 u, 86 o, 87 u
Slg. Fürsich – S. 29 o, 29 u, 34 u
Slg. Otto Messmer – S. 30, 79 u, 81, 83
Slg. Timo Kölbl – S. 33 o, 38 o, 91 o
Slg. Dr. Brian Rampp – 33 u, 35, 37, 38 u, 40, 41, 46, 89, 98, 131
Slg. Michael Spicker – S. 34 o, 128 u
Slg. Alois Führmann – S. 36
Jürgen Hagemann – S. 42 u, 47, 48 o, 58, 105, 108, 115
Dr. Günther Scheingraber – S. 43, 88 o, 94
Gemeindearchiv Oberammergau – S. 45 o
Joachim Claus – S. 45 u, 102, 103, 156
Slg. MEC Kohlgrub – S. 48 u
Jürgen Ebel/Slg. Mühlstraßer – S. 50, 136 o
Dieter Kempf – S. 52, 54, 56, 61, 116, 120, 124 u, 132
Peter Zink – S. 53, 57 o, 117 u
Dr. Brian Rampp – S. 65 o, 142 u, 144 u
Stefan Beständig – S. 68 ol
Hanns Alzinger – S. 68 or
Adtranz Deutschland – S. 68 u
Slg. Stefan Beständig – S. 76
Slg. Nelly Lang – S. 78
Werkfoto Krauss-Maffei – S. 82 o
Slg. Heinz Skrzypnik – S. 91 u, 99 u
Karl Walbrach – S. 101
Ludwig Rotthowe – S. 106, 149
Helge Hufschläger – S. 109, 110/111
Karl-Friedrich Seitz – S. 113 o
Horst Troche – S. 113 u
Gerald Bendrien – S. 117 o, 137 o, 144 o
Deutsches Museum München – S. 133
Joachim Hund – S. 136 u
Schranz – S. 137
Slg. Wagmann – S. 141

OBERAMMERGAU
DB
885 628-8